12 Monate, 12 Apostel, 12 Geschworene – was ist so besonders an dieser Zahl? Und warum hat ein Klavier 12 Tasten in der Oktave? Was hat Mathematik eigentlich mit der Auswahl unserer Geldscheine und Münzen zu tun? Oder mit der Einrichtung unseres Kalenders? Warum besteht ein Fußball aus Fünf- und Sechsecken? Wie gut ist unser Dezimalsystem? Und wie mache ich blitzschnell einen Preisvergleich?

Hier kommt das Buch für alle, die immer schon mehr über die faszinierende Welt der Zahlen und ihre praktischen Alltagsbezüge wissen wollten. Von Tipps fürs schnelle Rechnen (und Schätzen!) im Supermarkt über die Zinsrechnung und die Grundstücksabschätzung beim Hauskauf bis hin zu statistisch Wissenswertem über Lotto und Kniffel präsentiert Werner Brefeld Grundlegendes und Verblüffendes – und dazu auch noch einen bunten Strauß spannender Rätsel.

Werner Brefeld, Jahrgang 1948, studierte Physik in Münster und Bonn, wo er 1981 als Beschleuniger-Physiker promovierte. Bis 2014 hat er am Deutschen Elektronen-Synchrotron (DESY) in Hamburg gearbeitet. Werner Brefeld betreibt seit 2005 die Website http://www.brefeld.homepage.t-online.de, wo er Mathematik im Alltag anschaulich erklärt.

Werner Brefeld

Voll auf die 12

Besser durchs Leben mit Mathematik

Rowohlt Taschenbuch Verlag

Originalausgabe

Veröffentlicht im Rowohlt Taschenbuch Verlag,

Reinbek bei Hamburg, Juni 2015

Copyright © 2015 by Rowohlt Verlag GmbH,

Reinbek bei Hamburg

Umschlaggestaltung ZERO Werbeagentur, München

Umschlagabbildung FinePic, München

Innengestaltung und Grafiken Daniel Sauthoff

Satz Utopia PostScript (InDesign) bei

Pinkuin Satz und Datentechnik, Berlin

Druck und Bindung CPI books GmbH, Leck, Germany

ISBN 978 3 499 62898 6

Inhalt

IV. Auflösung der Mathematikrätsel 171

Vorwort

Mathematik ist überall. Im Alltag ist das aber keineswegs immer offensichtlich. Oder haben Sie sich schon einmal gefragt, warum wir im täglichen Leben das 10er-System (Dezimalsystem) benutzen und nicht ein 5er-System oder ein 20er-System wie die alten Mayas? Ist Ihnen aufgefallen, dass ein Klavier 12 Tasten pro Oktave hat (wenn man die schwarzen mitzählt)? Hängt das vielleicht damit zusammen, dass das Dutzend eine oft gebrauchte Größe ist? Oder hat das ganz andere Gründe? Wo wir gerade bei der 12 sind: Neben der 12 spielen auch die 6, die 60 und die 360 im Alltag eine wichtige Rolle. Woran liegt das?

Sie haben sicher schon bemerkt, dass ein Fußball oft aus Lederstücken in Form von Fünf- und Sechsecken zusammengenäht ist. Wären nicht Quadrate und Achtecke auch sehr schön? Oder geht das gar nicht? Wenn Sie einkaufen, zahlen Sie zum Beispiel mit 10-, 20- oder 50-Euro-Scheinen. Aber keineswegs mit 30-, 40- oder auch 60-Euro-Scheinen (und wenn doch, dann nicht sehr lange). Warum? Um diese und andere Alltagsbeobachtungen und ihre Hintergründe geht es in diesem Buch. Denn das meiste davon ist kein Zufall, sondern hat sinnvolle und oft verblüffende Gründe.

Außerdem erfahren Sie, wie Sie Mathematik im Alltag anwenden können. Das wird oft nützlich für Sie sein, zum Beispiel beim Einkaufen, beim Sparen oder Leihen von Geld, beim Überprüfen von Rechnungen, beim Energiesparen, beim Renovieren, Kochen und Backen, bei der Berechnung einer Grundstücksgröße oder bei der Suche nach einem Haus oder einer Arbeitsstelle. Sogar beim Lotto und bei Würfelspielen.

Sicher, gerade in unserer Zeit wäre sogar ein Leben auch

ganz ohne Mathematik möglich. Aber ist es auch sinnvoll? Ohne Mathematik lebt es sich nämlich fast immer mehr schlecht als recht. Es ist besser für Sie, wenn Sie die Mathematik des Alltags verstehen und anwenden können. Dazu soll dieses Buch einen Beitrag leisten. Trauen Sie sich also, sich auf diese Mathematik einzulassen und schauen Sie, wie weit Sie kommen!

Um den Spaß noch ein wenig zu erhöhen, habe ich eine Reihe von verblüffenden Rätseln in dieses Buch eingestreut. Mathematikrätsel gibt es viele, aber nur wenige sind verblüffend, weil ihre Lösungen der menschlichen Intuition widersprechen. Sollten Sie ein Rätsel nicht knacken können, dann finden Sie am Ende des Buches nicht nur die Lösung, sondern auch den Lösungsweg und den mathematischen Hintergrund.

Lassen Sie sich also verblüffen!

Am Ende einiger Kapitel befinden sich Abschnitte in Sans Serif. Sie sind für Leser gedacht, die an weiterführenden Überlegungen interessiert sind.

Themen und Rätsel in diesem Buch finden Sie auch auf meiner Homepage. Dazu Beweise sowie andere faszinierende Themen, die den Rahmen dieses Buches sprengen würden. Meine Homepage mit dem Titel «Mathematik – Hintergründe im täglichen Leben» finden Sie unter *www.brefeld.homepage.t-online.de*

Hamburg, im Juni 2015

I. Nützliche Mathematik für den Alltag

Fangen wir zunächst mit der Mathematik an, die für Sie zur Bewältigung des Alltags nützlich ist. Je mehr Sie davon können, desto mehr Vorteile werden Sie daraus ziehen. Allerdings werden Sie diese Mathematik nur selten für verblüffend halten. Vielleicht fallen Ihnen Prozentrechnung, Abschätzungen, der Dreisatz, Zinseszins- sowie Flächenberechnungen auch nicht leicht. Das möchte ich mit den folgenden Kapiteln gerne ändern. Auch wenn diese Mathematik nicht unbedingt verblüffend ist, so ist sie doch oft verblüffend einfach, einfacher jedenfalls, als Sie bisher dachten.

Gut geschätzt ist gut gerechnet
Prozentangaben, Brüche, Abschätzungen und große Zahlen

«Auf diesen Betrag kommen noch 19 % Mehrwertsteuer.» «Für Ihre Spareinlage erhalten Sie 1,2 % Zinsen.» «Für diesen Kredit zahlen Sie nur 3 % Kreditzinsen.» «Diese Schokolade enthält 43 % Kakaobestandteile.» «Dieser Wein enthält 14 % Alkohol.» «Der Unfallverursacher hatte 2,1 ‰ Alkohol im Blut.» Angaben wie diese hören oder lesen wir jeden Tag.

Was bedeuten nun die Begriffe «Prozent» und «Promille»? Sind sie vergleichbar mit den physikalischen Begriffen «Meter», «Sekunde», «Kilogramm» und «Kilowattstunde»? Und braucht man einen Taschenrechner mit Prozenttaste, um Prozentrechnungen durchführen zu können?

Die beiden letzten Fragen kann man klar mit Nein beantworten. Eine Prozentangabe wie zum Beispiel 75 % ist nämlich nichts anderes als eine ganz normale Zahl. Dazu müssen Sie sich klarmachen, dass «Prozent» nichts anderes bedeutet als «von Hundert». 75 % ist also gleichbedeutend mit «75 von 100» oder $\frac{75}{100}$. Verständlicherweise rechnen Sie nicht so gerne mit Brüchen wie $\frac{75}{100}$. Deshalb gehen wir noch einen Schritt weiter und wandeln den Bruch in eine Ihnen vermutlich geläufigere Dezimalzahl um. $\frac{75}{100}$ entsprechen der Dezimalzahl 0,75.

Um Sie an den Gedanken zu gewöhnen, eine Prozentangabe als ganz normale Dezimalzahl anzusehen, kommen hier einige Beispiele:

$$300 \% = \frac{300}{100} = 3$$

$$119\% = \frac{119}{100} = 1{,}19$$

$$100\% = \frac{100}{100} = 1$$

$$75\% = \frac{75}{100} = 0{,}75$$

$$28{,}4\% = \frac{28{,}4}{100} = 0{,}284$$

$$19\% = \frac{19}{100} = 0{,}19$$

$$10\% = \frac{10}{100} = 0{,}1$$

$$3\% = \frac{3}{100} = 0{,}03$$

$$1\% = \frac{1}{100} = 0{,}01$$

$$1{,}37\% = \frac{1{,}37}{100} = 0{,}0137$$

$$0{,}26\% = \frac{0{,}26}{100} = 0{,}0026$$

Auf dieselbe Weise können wir eine Angabe in Promille mit Hilfe eines Bruches in eine Dezimalzahl umwandeln, denn «Promille» bedeutet «von Tausend». Hier wieder einige Beispiele:

$$1000\text{\textperthousand} = \frac{1000}{1000} = 1$$

$$10\text{\textperthousand} = \frac{10}{1000} = 0{,}01$$

$$3\text{\textperthousand} = \frac{3}{1000} = 0{,}003$$

$$2,1\ ‰ = \frac{2,1}{1000} = 0,0021$$

$$0,2\ ‰ = \frac{0,2}{1000} = 0,0002$$

Wie man an den Beispielen leicht erkennt, ist 1 % genauso viel wie 10 ‰. Umgekehrt entsprechen 2,1 ‰ Alkohol im Blut einer Alkoholkonzentration von 0,21 %.

Wozu sind nun diese Überlegungen gut? Viele Menschen glauben, dass Prozent- und Promilleangaben recht anschaulich einen Sachverhalt beschreiben. Wenn man sie aber bittet, mit diesen Angaben eine Rechnung zu machen, reagieren sie oft hilflos.

In der Frage «Wie viel ist 19 % von 850 Euro?» tauchen ja keine Angaben wie «mal», «geteilt», «plus» oder «minus» auf. Dabei ist «19 % von 850 Euro» dasselbe wie die entsprechende Dezimalzahl 0,19 mal 850 Euro. Mit jedem Taschenrechner auch ohne Prozenttaste erhält man sofort das richtige Ergebnis

$$0,19 \cdot 850\ \text{Euro} = 161,50\ \text{Euro}$$

Praktisch genauso einfach ist es, auf 850 Euro zum Beispiel 19 % Mehrwertsteuer aufzuschlagen. Da der Ausgangswert von 850 Euro 100 % entspricht, wollen Sie hier eigentlich nur wissen, wie viel 100 % + 19 % = 119 % von 850 Euro ist. Und wie Sie wahrscheinlich vermuten, erhalten Sie mit der einfachen Rechnung

$$1,19 \cdot 850\ \text{Euro} = 1011,50\ \text{Euro}$$

das richtige Ergebnis. Wenn Sie also demnächst aus einem Betrag ohne Mehrwertsteuer den Betrag mit Mehrwertsteuer berechnen wollen, dann multiplizieren Sie einfach den angegebenen Euro-Betrag mit 1,19. Wollen Sie jedoch wissen, welcher Betrag sich bei einer Erhöhung um 100 % ergibt, müssen Sie zu

Gut geschätzt ist gut gerechnet

den ursprünglichen 100 % weitere 100 % addieren. 200 % von 850 Euro sind dann

2 · 850 Euro = 1700 Euro

Eine Verteuerung um 100 % entspricht also einer Verdoppelung des Preises. Bei einer Preiserhöhung um 200 % würde sich folglich der Preis verdreifachen. Weitere interessante Beispiele für Prozentrechnungen finden Sie im nächsten Kapitel.

Ebenso ist es für Rechnungen oft nützlich, Brüche in Dezimalzahlen umwandeln und damit weiterzurechnen. Beispielsweise ist $\frac{3}{4}$ gleich 3 geteilt durch 4, und das ist 0,75. Ebenso ist $\frac{3}{8}$ = 0,375, $\frac{1}{5}$ = 0,2 und $\frac{7}{10}$ = 0,7. Wenn Sie also $\frac{3}{8}$ von 7 Kilogramm bestimmen wollen, dann sieht die Rechnung ganz einfach so aus:

0,375 · 7 kg = 2,625 kg

Als Nächstes möchte ich auf eine Fähigkeit hinweisen, die für Sie im täglichen Leben sehr nützlich sein kann. Ich meine die Fähigkeit, etwas abschätzen zu können. Oft geht es ja gar nicht darum, dass man etwas genau wissen will, sondern nur ungefähr.

Angenommen, der Tank Ihres Autos ist fast leer und Sie wollen tanken. Der Tank fasst 60 Liter und ein Liter Benzin kostet 1,469 Euro. Reicht Ihr Geld, um vollzutanken? Um auf der sicheren Seite zu sein, nehmen Sie einfach an, Sie müssten 60 Liter tanken und ein Liter würde 1,50 Euro kosten. Ihre Abschätzung ergibt dann, dass 60 · 1,50 Euro = 90 Euro auf jeden Fall reichen, um vollzutanken. In den meisten Fällen reicht so eine grobe Abschätzung. Aber auch bei genauen Rechnungen sind Abschätzungen wichtig. Diese Rechnungen werden Sie meistens mit einem Taschenrechner machen. Beim Eingeben der Rechnung können Sie jedoch die verschiedensten Fehler machen. Beispielsweise können Sie eine Ziffer falsch oder doppelt eintippen,

Sie können das Dezimalkomma an die falsche Stelle setzen oder die Additionstaste mit der Multiplikationstaste verwechseln. Und oft können Sie dem Ergebnis nicht sofort ansehen, dass beim Eingeben etwas falsch gelaufen ist.

Um grobe Fehler sofort zu bemerken, ist es deshalb sinnvoll, zusätzlich im Kopf eine grobe Abschätzung zu machen. Dazu wird die Rechnung mit stark gerundeten Zahlen durchgeführt. Beispielsweise vereinfachen Sie die Rechnung $4{,}25 \cdot 2{,}60 = 11{,}05$ zu $4 \cdot 3 = 12$, indem Sie $4{,}25$ zu 4 abrunden und $2{,}6$ zu 3 aufrunden. Weicht das Ergebnis des Taschenrechners deutlich von der Abschätzung ab, dann haben Sie höchstwahrscheinlich beim Eintippen einen Fehler gemacht.

Ein weiteres Beispiel: $670 \cdot 86{,}98 = 58\,276{,}6$. Für die Abschätzung müssen Sie hier $700 \cdot 90$ ausrechnen. Hier rechnen Sie mit Hilfe des kleinen Einmaleins $7 \cdot 9 = 63$ im Kopf, hängen an das Ergebnis die zwei Nullen von der 700 und die eine Null von der 90 hinten an und erhalten als Abschätzung den Wert 63 000. Auch diese Abschätzung liegt nicht sehr weit vom richtigen Wert entfernt.

Ein drittes Beispiel: $0{,}0019 \cdot 840\,000 = 1596$. Diese Rechnung vereinfachen Sie zu $0{,}002 \cdot 800\,000$. Sie rechnen jetzt $2 \cdot 8 = 16$ und hängen hier die fünf Nullen von 800 000 an. Allerdings müssen Sie wieder drei Nullen wegnehmen, weil die 2 in der Zahl $0{,}002$ erst an der dritten Stelle nach dem Komma kommt. Also bleiben zwei Nullen und die Abschätzung ergibt 1600 und ist damit in guter Übereinstimmung mit der genauen Rechnung.

Bisher kamen bei den Abschätzungen nur Multiplikationen vor. Geht es um Additionen oder Subtraktionen, sind die Abschätzungen noch einfacher. Addieren Sie zwei Zahlen, dann ist das Ergebnis nicht wesentlich größer als die größere der beiden Zahlen. $7046 + 4277 = 11\,323$ und nicht $49\,823$. Entsprechend ist $1841 + 78 = 1919$ und nicht 4919. Haben Sie bemerkt, welche

Fehler beim Eintippen in den Taschenrechner hier gemacht worden sind? Ziehen Sie bei der Subtraktion eine kleine Zahl von einer großen ab, muss das Ergebnis grob der größeren Zahl entsprechen. Ziehen Sie eine fast gleich große Zahl ab, erhalten Sie als Resultat eine vergleichsweise kleine Zahl.

Es bleiben noch die Abschätzungen bei Divisionsaufgaben. Hier ist es nützlich, die erste Zahl auf zwei Stellen genau zu runden. So wird aus der Aufgabe $\frac{25\,379}{41} = 619$ die Abschätzung $\frac{25\,000}{40}$. Jetzt überlegen Sie, dass $\frac{25}{4}$ ungefähr gleich 6 ist. An die 6 hängen Sie zunächst die drei Nullen von 25 000 an. Die eine Null in der Zahl 40 dürfen Sie aber dann nicht zusätzlich anhängen, sondern Sie müssen Sie wegnehmen, weil durch 40 geteilt wird. Es bleiben also zwei Nullen übrig, und die Abschätzung beträgt damit 600.

Zum Schluss dieses Kapitels möchte ich mich mit Ihnen in die Welt der großen Zahlen begeben. Der Begriff «Millionen» ist Ihnen natürlich geläufig, und von Billionen haben Sie auch schon gehört, vielleicht auch von Trillionen, Quadrillionen, Quintillionen und Sextillionen. Wie viele Nullen haben diese Zahlen?

Außer bei den Millionen verbergen sich in den aus dem Lateinischen abgeleiteten Vorsilben die Zahlen 2, 3, 4, 5 und 6. Multipliziert man diese Zahlen mit 6, erhält man sofort die Anzahl der gesuchten Nullen. Bei 17 Billionen folgen nach der 17 deshalb $2 \cdot 6 = 12$ Nullen, also schreibt man 17 000 000 000 000. Bei 9 Trillionen muss man an die 9 schon $3 \cdot 6 = 18$ Nullen anhängen. Wie Sie wissen, sind es bei zum Beispiel 128 Millionen nur $1 \cdot 6 = 6$ Nullen. Zusätzlich gibt es noch die «Zwischengrößen» wie zum Beispiel Milliarden, Billiarden und Trilliarden, die jeweils 3 Nullen mehr haben als Millionen, Billionen und Trillionen. Eine Milliarde hat also 9 Nullen.

Immer wieder führt es zu Verwirrung, dass die englischsprachigen Länder diese Begriffe nicht benutzen. Dort folgt auf «million» (6 Nullen) «billion» (9 Nullen), auf «billion» folgt «trillion» (12 Nullen) usw. Man kann hier aus den Vorsilben nicht mehr direkt die Anzahl der Nullen bestimmen.

Anschaulich können wir uns diese großen Zahlen nicht mehr vorstellen. Wie weit reicht denn überhaupt unsere Vorstellung? Wenn wir in einem Stadion mit 85 000 Zuschauern sitzen, können wir diese mit unseren Augen noch unterscheiden. Die Zahl 85 000 können wir uns also noch veranschaulichen. Man könnte das wohl noch etwas weiter treiben, aber ab etwa einer Million dürfte Schluss sein. Die Anzahl der Zapfen auf der Netzhaut unserer Augen setzt der Anschauung im wahrsten Sinne des Wortes eine Grenze.

Wenn wir uns größere Zahlen veranschaulichen wollen, geht das eigentlich nur, indem wir sie sinnvoll in kleinere Zahlen zerlegen. Wenn wir hören, dass die Staatsverschuldung Deutschlands etwa 2 Billionen Euro beträgt, dann können wir den Betrag gleichmäßig auf die etwa 80 Millionen Bürger in unserem Land aufteilen. Die Rechnung ergibt:

$$\frac{2\,000\,000\,000\,000 \text{ Euro}}{80\,000\,000} = 25\,000 \text{ Euro}$$

Jeder Bürger – egal, ob jung oder alt – trägt also im Mittel eine Schuldenlast von etwa 25 000 Euro. Darunter können wir uns etwas vorstellen.

Auch die etwas mehr als 7 Milliarden Menschen auf der Erde sprengen unsere Vorstellungskraft. Nehmen wir an, Sie sitzen in dem Stadion mit 85 000 Zuschauern und stellen sich vor, jeder Zuschauer entspräche wieder einem vollen Stadion mit 85 000 Zuschauern. Dann haben Sie ein Gefühl für die gigantische Anzahl der Menschen auf der Erde. Eine schnelle Rechnung wird Sie überzeugen:

$$85\,000 \cdot 85\,000 = 7{,}225 \text{ Milliarden}$$

Sollten Sie sich schließlich das Jahresgehalt eines Spitzenmanagers von vielleicht 60 Millionen Dollar veranschaulichen wollen, dann nehmen Sie einfach eine Arbeitszeit von 3000 Stunden pro Jahr an und berechnen den Stundenlohn:

$$\frac{60\,000\,000\ \text{Dollar}}{3000\ \text{Stunden}} = 20\,000\ \text{Dollar/Stunde}$$

Mit diesem Stundenlohn hätten Sie spätestens nach einem Monat für den Rest Ihres Lebens ausgesorgt. Die entsprechende Rechnung überlasse ich Ihnen.

Das Geheimnis der Lücke

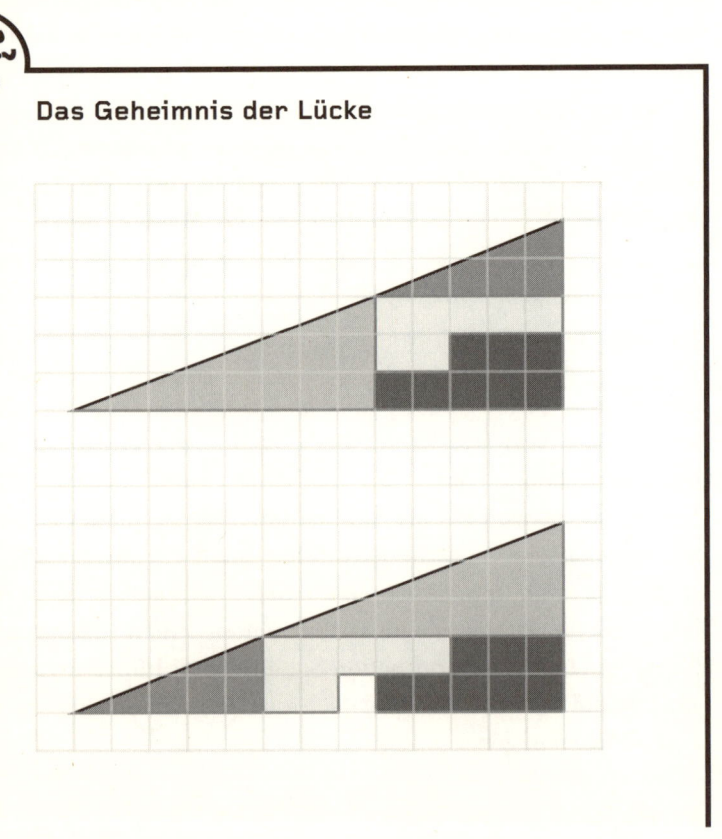

Werden in der abgebildeten Figur die vier Puzzle-Teile anders angeordnet, entsteht plötzlich eine Lücke. Ist die Gesamtfläche etwa kleiner geworden?

Auflösung auf Seite 171

Gut geschätzt ist gut gerechnet

Der Trick mit den Rabatten
Prozentrechnung und Prozentpunkte

Nachdem ich im vorigen Kapitel die Bedeutung von Prozentangaben erläutert habe, kommen jetzt einige Beispiele für die Prozentrechnung.

Stellen Sie sich vor, Sie haben sich nach einem neuen Auto umgeschaut, obwohl Sie Ihr altes noch etwa ein Jahr lang fahren wollen. Der Preis dieses neuen Autos war mit 23 499 Euro angegeben. Als Sie es ein Jahr später kaufen wollen, hat es sich auf 23 999 Euro verteuert. Sie sind enttäuscht und sprechen den Verkäufer darauf an. Er behauptet daraufhin, das entspräche in etwa der allgemeinen Inflationsrate von 1,3 %. Inflationsbereinigt sei das Auto gar nicht teurer geworden. Sagt der Verkäufer die Wahrheit? Wie viel Prozent ist das Auto denn teurer geworden? Um dies herauszubekommen, teilen Sie den neuen Verkaufspreis durch den alten und erhalten den Wert von gerundet 1,021. Um diesen Faktor ist das Auto teurer geworden. Um die prozentuale Verteuerung zu erhalten, nehmen Sie den Faktor 1,021 und ziehen 1, also 100 %, davon ab. Sie erhalten 0,021 = 2,1 %. Der Verkäufer hat also nicht die Wahrheit gesagt. Das Auto ist deutlich teurer geworden, als es der Inflationsrate von 1,3 % entsprechen würde.

Obwohl die letzte Mehrwertsteuererhöhung von 16 % auf 19 % schon etwas zurückliegt, habe ich hier trotzdem ein entsprechendes Beispiel, damit Sie gewappnet sind, falls es noch einmal eine Mehrwertsteuererhöhung gibt: Ein LED-Fernseher kostet inklusive 16 % Mehrwertsteuer 1499 Euro. Die Mehrwertsteuer steigt auf 19 %. Was würde der LED-Fernseher jetzt kosten und um wie viel Prozent würde er teurer? Der Verkäufer gewährt auf den neuen Verkaufspreis ausnahmsweise 2,55 % Rabatt und behauptet, mit dem Rabatt sei das Gerät sogar ein klein wenig billiger als vor der Steuererhöhung. Hat der Verkäufer recht, und was soll der Fernseher nach der Reduzierung kosten?

In dem Preis von 1499 Euro stecken sowohl der Preis ohne Mehrwertsteuer, der 100 % entspricht, als auch die Mehrwertsteuer von 16 %, also zusammen 116 %. Um den Preis ohne Mehrwertsteuer zu berechnen, müssen Sie die 1499 Euro einfach durch 116 %, also durch 1,16 teilen. Das ergibt einen Nettoverkaufspreis von 1292,24 Euro. Auf diesen Preis kommt jetzt die neue Mehrwertsteuer von 19 %. Sie berechnen 119 % von 1292,24 Euro, indem Sie den Eurobetrag mit 1,19 multiplizieren. Sie erhalten den neuen Preis von 1537,77 Euro. Die prozentuale Verteuerung erhalten Sie, indem Sie 1537,77 Euro durch den alten Preis von 1499 Euro teilen und 1 vom gerundeten Ergebnis 1,0259 subtrahieren. Die Rechnung ergibt:

$$\frac{1537,77 \text{ Euro}}{1499 \text{ Euro}} - 1 \approx 0,0259 = 2,59\,\%$$

Nun werden Sie denken, dass der Verkäufer geschwindelt hat, weil er Ihnen nur 2,55 % Rabatt auf den neuen Preis geben will, obwohl der Fernseher doch um 2,59 % teurer geworden ist. Aber rechnen wir einmal nach. 2,55 % von 1537,77 sind

$$0,0255 \cdot 1537,77 \text{ Euro} = 39,21 \text{ Euro}$$

Wenn man diesen Rabatt von 1537,77 Euro abzieht, erhält man tatsächlich nur 1498,56 Euro. Der Verkäufer hat also recht.

Einige werden nun denken, dass in dieser Rechnung ein Fehler stecken muss. Wie kann es sein, dass der Preis sinkt, wenn man zuerst einen bestimmten Prozentsatz aufschlägt und danach einen kleineren Prozentsatz abzieht? Aber das ist tatsächlich so. Ich mache Ihnen das ein einem sehr einfachen Beispiel klar. Wenn ein Preis von 100 Euro um 20 % steigt, werden Sie mir sofort zustimmen, dass der neue Preis 120 Euro beträgt. Ein Rabatt auf

Der Trick mit den Rabatten

den neuen Preis von ebenfalls 20 % führt aber zu einer Verringerung des neuen Preises von 0,2 · 120 Euro = 24 Euro. Der Preis sinkt also auf 96 Euro, obwohl erst 20 % aufgeschlagen und dann wieder 20 % abgezogen wurden. Der Grund für diesen kuriosen Effekt liegt darin, dass die 20 % jeweils von verschiedenen Preisen berechnet werden müssen. Preiserhöhungen mit anschließenden Rabattaktionen sind gar nicht so selten. Jetzt wissen Sie, worauf Sie achten müssen.

An dieser Stelle möchte ich auch noch kurz den Unterschied zwischen Prozenten und Prozentpunkten erklären. Wenn die Mehrwertsteuer von 16 % auf 19 % erhöht wird, dann steigt sie um 3 Prozentpunkte, weil 19 % minus 16 % gleich 3 % ist. Die Erhöhung der Mehrwertsteuer in Prozent erhält man stattdessen, indem man 19 % = 0,19 durch 16 % = 0,16 teilt und 1 vom Ergebnis subtrahiert:

$$\frac{0,19}{0,16} - 1 = 1,1875 - 1 = 0,1875 = 18,75\,\%$$

Die Mehrwertsteuer selber ist also um beachtliche 18,75 % gestiegen. Den prozentualen Preisanstieg erhält man aber, indem man 119 % durch 116 % teilt und dann 1 abzieht. Hier erhält man:

$$1,0259 - 1 = 0,0259 = 2,59\,\%$$

Diesen Wert haben wir oben auch schon auf andere Weise berechnet. Der Begriff «Prozentpunkte» wird auch bei Wahlen oft gebraucht. Wenn eine Partei ihren Stimmenanteil von 30 % auf 33 % erhöhen konnte, dann sagt man, ihr Stimmenanteil habe um 3 Prozentpunkte zugenommen. Prozentual gesehen ist ihr Stimmenanteil dagegen um beachtliche

$$\frac{0,33}{0,30} - 1 = 0,1 = 10\,\%$$

gestiegen. Das ist der Prozentsatz, um den die Anzahl der Wähler dieser Partei zugenommen hat (bei gleicher Gesamtzahl).

Dieses Kapitel lasse ich mit einem einfachen Beispiel aus dem täglichen Leben ausklingen. Sie erteilen einem Handwerker einen Auftrag. Angenommen, er nimmt einen Stundenlohn von 46 Euro. Er schätzt, dass er für die Arbeit 8 Stunden braucht und dass die zusätzlichen Kosten für Material, An- und Abfahrt 500 Euro betragen. Alle Beträge sind ohne Mehrwertsteuer gemeint. Wie hoch wäre nach diesen Angaben die Handwerkerrechnung bei einer Mehrwertsteuer von 19 %? Wenn eine Stunde 46 Euro kostet, dann kosten 8 Stunden 8 · 46 Euro = 368 Euro. Zusammen mit den Nebenkosten von 500 Euro sind das 868 Euro. Darauf kommt dann noch die Mehrwertsteuer von 19 %. Der Endbetrag ist dann 119 % von 868 Euro oder

1,19 · 868 Euro = 1032,92 Euro

Drei Räuber teilen ihre Beute

Die drei Räuber Axel, Ole und Uwe wollen ihre Beute aufteilen. Axel, der Boss, bekommt mehr als Ole. Ole bekommt mehr als das Greenhorn Uwe. Weil Axel, Ole und Uwe schlecht im Rechnen sind, beschließen sie, dass ihre Anteile an der Beute Stammbrüche sein sollen, also $\frac{1}{1}$, $\frac{1}{2}$, $\frac{1}{3}$, ... usw.

Wie viel bekommt jeder der drei Räuber?

Auflösung auf Seite 174

Viel Strom, damit es kalt bleibt
Zweisatz- und Dreisatzrechnung

Viele Menschen fühlen sich unbehaglich, wenn sie das Wort «Dreisatz» hören. Damit zu rechnen, ist aber gar nicht so schwer. Um die Sache noch einfacher zu machen, beginnen wir mit dem «kleinen Bruder» des Dreisatzes, dem Zweisatz.

Nehmen wir zunächst folgendes Beispiel: 1 Kilogramm Kaffee kostet 8,98 Euro. Das ist der erste Satz des Zweisatzes. Wie viel kosten dann 7 Kilogramm? Diese Frage ist leicht zu beantworten. Die Antwort darauf ist der zweite Satz des Zweisatzes: 7 Kilogramm kosten nämlich einfach 7 · 8,98 Euro = 62,86 Euro.

Wir brauchen nur zwei Sätze, weil im ersten Satz schon steht, was zum Beispiel 1 Kilogramm, 1 Liter, 1 Quadratmeter oder 1 Kilowattstunde kostet. Allerdings müssen wir auch beim Zweisatz manchmal ein wenig aufpassen, damit wir die beiden Sätze richtig zusammenbekommen.

Eine Kühl-Gefrier-Kombination hat eine mittlere Leistung von 30 Watt. Wie viel Energie verbraucht sie pro Jahr? Pro Stunde verbraucht die Kühl-Gefrier-Kombination im Mittel also 30 Watt · 1 Stunde = 30 Wattstunden. Weil 1000 Wattstunden 1 Kilowattstunde (kWh) sind, verbraucht die Kühl-Gefrier-Kombination also pro Stunde $\frac{30}{1000}$ kWh = 0,03 kWh. Um den zweiten Satz des Zweisatzes aufschreiben zu können, müssen wir noch wissen, wie viele Stunden ein Jahr hat. Dazu nehmen wir der Einfachheit halber an, dass jedes Jahr genau 365 Tage hat. Also hat ein Jahr 365 · 24 Stunden = 8760 Stunden. Der zweite Satz lautet also: Pro Jahr verbraucht die Kühl-Gefrier-Kombination

$$8760 \cdot 0,03 \, \text{kWh} = 262,8 \, \text{kWh}$$

Kann das stimmen? Für eine grobe Abschätzung (siehe erstes Kapitel) berechnen wir 9000 · 0,03. 9 mal 3 ergibt 27. Und von den drei Nullen in 9000 müssen wir zwei wieder entfernen, weil die 3 erst an der zweiten Stelle nach dem Komma erscheint. Die übrig bleibende Null hängen wir an die 27 an, und wir erhalten in guter Übereinstimmung 270 kWh.

Und was kostet dieser Verbrauch bei einem Preis von 0,26 Euro pro Kilowattstunde? Wieder ein Zweisatz! 262,8 kWh kosten dann natürlich

$$262,8 \text{ kWh} \cdot 0,26 \text{ Euro}/\text{kWh} = 68,33 \text{ Euro}$$

Auch für das nächste Beispiel aus dem Alltag braucht man nur die Zweisatzrechnung. Eine LED-Lampe mit 10 Watt ist ungefähr so hell wie eine Glühlampe mit 60 Watt. Die Lebensdauer einer LED-Lampe beträgt etwa 15 000 Stunden, die einer Glühlampe nur etwa 1000 Stunden. Wie viel Stromkosten spart die LED-Lampe während ihrer Lebensdauer im Vergleich zu den sonst benötigten 15 Glühlampen, wenn man mit einem Preis von 0,26 Euro/kWh rechnet? Eine LED-Lampe mit 10 Watt verbraucht 50 Watt weniger als eine Glühlampe mit 60 Watt. Pro Stunde spart diese LED-Lampe also 50 Wattstunden oder 0,05 kWh. In 15 000 Stunden spart diese LED-Lampe dann

$$15\,000 \cdot 0,05 \text{ kWh} = 750 \text{ kWh}$$

Eine Kilowattstunde kostet 0,26 Euro. 750 kWh kosten dann

$$750 \cdot 0,26 \text{ Euro} = 195 \text{ Euro}$$

Eine LED-Lampe spart also während ihrer Lebensdauer beträchtliche 195 Euro an Stromkosten. Wenn man genau vergleichen will, muss man noch einen Preisvergleich zwischen einer LED-Lampe und 15 Glühlampen machen. Die Gesamtersparnis vergrößert sich dadurch noch.

Viel Strom, damit es kalt bleibt

Auch für folgendes Beispiel braucht man nur die Zweisatz-rechnung: Ein Mensch verbraucht täglich etwa 2000 Kilokalorien (kcal) oder 2 000 000 Kalorien (cal). Welche Wärmeleistung in Watt gibt dieser Mensch an die Umgebung ab?

Zunächst müssen Sie die bei Ernährungsfragen oft noch übliche Energieeinheit Kalorien in die Energieeinheit Joule (J) umrechnen. Eine Kalorie entspricht 4,187 Joule. 2 000 000 Kalorien sind dann gleich

$$2\,000\,000 \cdot 4,187\,J = 8\,374\,000\,J$$

Ein Mensch verbraucht also täglich etwa 8 374 000 Joule. Nun ist ein Watt aber dasselbe wie ein Joule pro Sekunde. Um die Wärmeleistung eines Menschen in Watt zu bestimmen, muss man also berechnen, wie viel Joule ein Mensch pro Sekunde verbraucht. Ein Tag hat genau $60 \cdot 60 \cdot 24 = 86\,400$ Sekunden. Wenn ein Mensch pro Tag 8 374 000 Joule verbraucht, dann entspricht das einer Wärmeleistung von

$$\frac{8\,374\,000\,\text{Joule}}{86\,400\,\text{Sekunden}} \approx 97\,J/s = 97\,\text{Watt}$$

Haben wir uns vielleicht verrechnet und es sind nur 9,7 Watt? Die im ersten Kapitel erläuterten Abschätzungen bringen Klarheit. Die Überschlagsrechnung ergibt 8 400 000 geteilt durch 90 000. Teilen wir die 84 durch 9, erhalten wir ungefähr 9. Und von den fünf Nullen der ersten Zahl bleibt wegen der vier Nullen der zweiten Zahl nur eine Null übrig. Zusammen mit der 9 ergibt die Abschätzung also 90 Watt. Das obige Ergebnis dürfte demnach richtig sein. Ein durchschnittlicher Mensch gibt also im Mittel etwa 97 Watt Wärmeleistung an die Umgebung ab. Deshalb wird auch ein Raum allein durch die Anwesenheit von vielen Menschen spürbar erwärmt.

Nach diesen Beispielen zur Zweisatzrechnung wagen wir uns nun an die Dreisatzrechnung. In einem Lebensmittelgeschäft kostet eine 375-g-Packung Kekse 4,99 Euro und die entsprechende 500-g-Packung 6,99 Euro. Wie viel kosten umgerechnet 375 g aus der 500-g-Packung? Welche Packung ist also kostengünstiger? Der erste Satz des Dreisatzes lautet hier: 500 g aus der großen Packung kosten 6,99 Euro. Im zweiten Satz errechnen wir, was 1 g aus der großen Packung kostet, nämlich

$$\frac{6{,}99 \text{ Euro}}{500} = 0{,}01398 \text{ Euro}$$

Im dritten Satz rechnen wir schließlich aus, was 375 g aus der großen Packung kosten:

$$375 \cdot 0{,}01398 \text{ Euro} = 5{,}24 \text{ Euro}$$

Die kleine 375-g-Packung mit ihrem Preis von 4,99 Euro ist also kostengünstiger.

Im nächsten Beispiel geht es um Währungen.

Angenommen, der Dollarkurs beträgt 1,3724 Dollar pro Euro. Wie viel Euro sind dann 920 Dollar? 1,3724 Dollar kosten also 1 Euro. 1 Dollar kostet dann

$$\frac{1 \text{ Euro}}{1{,}3724} = 0{,}72865 \text{ Euro}$$

920 Dollar kosten schließlich

$$920 \cdot 0{,}72865 \text{ Euro} = 670{,}36 \text{ Euro}$$

Die 920 Dollar sind also 670,36 Euro wert.

Im letzten Beispiel geht es um das Backen von leckeren Pfannkuchen. In einem Rezept für 4 Personen werden 500 g Mehl, 6 gehäufte Teelöffel Backpulver, 80 g Zucker, 800 ml Milch, 300 g Butter, 6 süße Äpfel und 4 Eier angegeben. Sie möchten aber nur für 3 Personen Pfannkuchen zubereiten. Wie viel von diesen Zutaten brauchen Sie dafür? Zunächst berechnen Sie die Mengen für 1 Person:

$$\frac{500\,\text{g Mehl}}{4} = 125\,\text{g Mehl},$$

$$\frac{6\,\text{Teelöffel Backpulver}}{4} = 1\tfrac{1}{2}\,\text{Teelöffel Backpulver},$$

$$\frac{80\,\text{g Zucker}}{4} = 20\,\text{g Zucker},$$

$$\frac{800\,\text{ml Milch}}{4} = 200\,\text{ml Milch},$$

$$\frac{4\,\text{Eier}}{4} = 1\,\text{Ei},$$

$$\frac{6\,\text{Äpfel}}{4} = 1\tfrac{1}{2}\,\text{Äpfel}$$

Für 3 Personen brauchen Sie dann:

$3 \cdot 125\,\text{g Mehl} = 375\,\text{g Mehl}$,
$3 \cdot 1\tfrac{1}{2}\,\text{Teelöffel Backpulver} = 4\tfrac{1}{2}\,\text{Teelöffel Backpulver}$,
$3 \cdot 20\,\text{g Zucker} = 60\,\text{g Zucker}$,
$3 \cdot 200\,\text{ml Milch} = 600\,\text{ml Milch}$,
$3 \cdot 1\,\text{Ei} = 3\,\text{Eier}$,
$3 \cdot 1\tfrac{1}{2}\,\text{Äpfel} = 4\tfrac{1}{2}\,\text{Äpfel}$

Es wäre schön, wenn Sie nun sagen würden, dass der Dreisatz eigentlich gar nicht so schwer ist.

Zerteilen einer Schokolade

Eine Tafel Schokolade besteht aus $4 \cdot 6 = 24$ Stücken. Will man sie völlig in die 24 Einzelstücke zerteilen, so kann man verschieden vorgehen. Zum Beispiel kann man zunächst durch 5 Brechungen 6 Schokoladenstreifen aus je 4 Stücken erzeugen. Um die Einzelstücke zu erhalten, muss man dann jeden dieser Streifen dreimal brechen. Mit dieser Methode benötigt man also insgesamt $5 + 3 \cdot 6 = 23$ Brechungen.

Ist es möglich – ohne Schokoladenteile übereinander zu legen –, durch geschickteres Brechen mit weniger als 23 Brechungen auszukommen?

Auflösung auf Seite 176

Viel Strom, damit es kalt bleibt

Von Wertzuwachs und Wertverlust
Zins- und Zinseszinsrechnung

Das Thema dieses Kapitels ist Ihnen vielleicht etwas unangenehm. Aber hoffentlich nicht wegen der Mathematik, sondern wegen des Gefühls, dass Sie für Ihr Geld immer viel zu wenig Zinsen bekommen, aber für einen Kredit immer noch zu viel Zinsen bezahlen müssen. Die Zinsrechnung ist nur ein Teil der schon behandelten Prozentrechnung, und die einfachsten Fälle der Zinseszinsrechnung sind deshalb fast genauso unkompliziert.

Fangen wir mit einem Beispiel der Zinsrechnung an. Bank A gibt nach 7 Jahren einen einmaligen Bonus von 13 % auf das zu Anfang eingezahlte Geld. Bei Bank B beträgt der Zinssatz auf einem Sparkonto 1,8 % pro Jahr. Wie viel Geld bekommen Sie jeweils nach 7 Jahren zurück, wenn Sie am Anfang 3000 Euro eingezahlt haben?

Den Bonus können Sie als einmaligen Zins betrachten. Dafür gilt die einfache Zinsformel, weil dieser einmalige Zins nicht wieder verzinst wird. Die Formel dafür lautet:

Endkapital = Anfangskapital · (1 + Zinssatz)

Es ergibt sich also:

Endkapital = 3000 Euro · (1 + 13 %) = 3000 Euro · (1 + 0,13)
= 3000 Euro · 1,13 = 3390 Euro

Sie bekommen nach 7 Jahren also 3390 Euro zurück. Es ist dieselbe Rechnung wie bei der Mehrwertsteuer im ersten Kapitel. Bei Bank B werden jedoch die Zinsen, die jedes Jahr anfallen, bis zum Ende der Laufzeit immer wieder verzinst. Hier gilt die Zinseszinsformel:

$$\text{Endkapital} = \text{Anfangskapital} \cdot (1 + \text{Zinssatz})^{\text{(Anzahl der Jahre)}}$$

Deshalb sieht die Rechnung so aus:

$$\text{Endkapital} = 3000 \text{ Euro} \cdot (1 + 1{,}85\,\%)^7$$

$$= 3000 \text{ Euro} \cdot (1 + 0{,}0185)^7 = 3000 \text{ Euro} \cdot 1{,}0185^7$$

$$= 3000 \text{ Euro} \cdot 1{,}136913 = 3410{,}74 \text{ Euro}$$

Wenn Ihr Taschenrechner keine Taste für Potenzen hat, um $1{,}0185^7$ zu berechnen, dann können Sie auch 1,0185 siebenmal mit sich selbst malnehmen, was natürlich etwas mühseliger ist. Sie bekommen hier also nach 7 Jahren 3410,74 Euro zurück, mehr als bei Bank A. Warum die Zinseszinsformel richtig ist, können Sie sich folgendermaßen klarmachen: Zu Anfang haben Sie 3000 Euro. Bei 1,85 % Zinsen sind nach einem Jahr $1{,}0185 \cdot$ 3000 Euro auf Ihrem Konto. Dieser Betrag wird im zweiten Jahr wieder mit 1,85 % verzinst. Sie haben dann $1{,}0185 \cdot 1{,}0185 \cdot$ 3000 Euro oder $1{,}0185^2 \cdot 3000$ Euro. Nach 7 Jahren besitzen Sie dann – wie berechnet – $1{,}0185^7 \cdot 3000$ Euro.

Im nächsten Beispiel gilt wieder die einfache Zinsrechnung. Trotzdem müssen Sie etwas aufpassen, weil die Spardauer weniger als ein Jahr beträgt. Herr Meier zahlt zu Anfang des Jahres 8000 Euro auf ein Sparbuch ein. Der Zinssatz beträgt 0,9 % pro Jahr. Nach 7 Monaten hebt er das eingezahlte Geld und die aufgelaufenen Zinsen ab. Wie viel kann er abheben?

Weil das Geld hier nicht ein Jahr oder 12 Monate, sondern nur 7 Monate auf dem Konto war, beträgt der Zinssatz für diesen Zeitraum nicht 0,9 %, sondern nur $\frac{7}{12} \cdot 0{,}9\,\% = 0{,}525\,\%$. Es ergibt sich also:

$$\text{Endkapital} = 8000 \text{ Euro} \cdot (1 + 0{,}525\,\%)$$

$$= 8000 \text{ Euro} \cdot (1 + 0{,}00525) = 8000 \text{ Euro} \cdot 1{,}00525$$

$$= 8042 \text{ Euro}$$

Herr Meier kann also nur 8042 Euro abheben.

Bisher nahm das Geld wegen der Zinsen zu. Wenn es sich aber nicht um Geld handelt, sondern zum Beispiel um ein Auto, dann wird sein Wert im Laufe der Jahre abnehmen. Der prozentuale Wertverlust pro Jahr entspricht quasi negativen Zinsen. Deshalb können Sie auch hierfür die Zinseszinsformel anwenden. Nehmen wir an, dass ein Auto im Allgemeinen 20 % pro Jahr an Wert verliert. Wenn Sie nun ein neues Auto für 30 000 Euro kaufen, wie viel ist Ihr Auto in 5 Jahren dann noch wert? In die Zinseszinsformel

$$\text{Endkapital} = \text{Anfangskapital} \cdot (1 + \text{Zinssatz})^{(\text{Anzahl der Jahre})}$$

müssen Sie jetzt für den Zinssatz den negativen Wert –20 % einsetzen:

$$\text{Endkapital} = 30\,000 \text{ Euro} \cdot (1 - 20\,\%)^5$$

$$= 30\,000 \text{ Euro} \cdot (1 - 0{,}2)^5 = 30\,000 \text{ Euro} \cdot 0{,}8^5$$

$$= 30\,000 \text{ Euro} \cdot 0{,}32768 = 9830{,}40 \text{ Euro}$$

Ihr Auto ist in 5 Jahren also nur noch 9830,40 Euro wert.

Das Schachbrett und die Euromünzen

Auf das erste Feld eines Schachbretts wird eine Euromünze mit einer Dicke von 2,33 Millimeter gelegt, auf das zweite Feld zwei Euromünzen, auf das dritte Feld vier Euromünzen, auf das vierte Feld wieder doppelt so viele Euromünzen usw. Anschließend werden alle Euromünzen zu einem Turm aufeinandergelegt.
Wie hoch ist dieser Turm?

Auflösung auf Seite 177

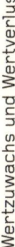

Das Geheimnis des schiefen Grundstücks
Flächen- und Volumenberechnung

Jetzt sind Sie in Ihrer Eigenschaft als Heimwerkerin oder Heimwerker gefragt. Ich möchte Ihnen an dieser Stelle aber keine Handwerkertipps geben. Ich vertraue auf Ihre entsprechenden Kenntnisse. Aber für einige Ihrer Arbeiten benötigen Sie eine bestimmte Menge Material. Das können Tapeten, Fliesen, Mutterboden oder Farbe sein. Wenn Sie unnötige Kosten vermeiden wollen, müssen Sie zuverlässig berechnen können, wie viel Material Sie brauchen.

Dabei müssen Sie meistens eine Fläche oder ein Volumen bestimmen. Längen werden in Meter, Flächen jedoch in Quadratmeter und Volumen in Kubikmeter gemessen. Meter, Quadratmeter und Kubikmeter sind also verschiedene physikalische Einheiten, die man nicht direkt miteinander vergleichen kann. Deshalb sind Fragen wie «Wie viele Meter sind ein Quadratmeter?» und «Wie viele Quadratmeter sind ein Kubikmeter?» genauso sinnlos wie die Fragen «Wie viele Sekunden sind ein Kilogramm?» oder «Wie viel Watt sind eine Kilowattstunde?» Allerdings kann man zum Beispiel aus einer Länge und einer Breite eine Fläche und aus einer Fläche und einer Höhe ein Volumen berechnen.

Wenden wir uns zunächst dem Fall zu, in dem aus Längenangaben eine Fläche berechnet werden soll. Angenommen, Sie wollen die Wände eines Raumes streichen. Der Raum ist 2,60 Meter hoch und hat vier rechteckige Wände. Zwei Wände sind 3,30 Meter und die beiden anderen Wände sind 4,25 Meter breit. Der Raum hat ein 1,40 Meter breites und 1,10 Meter hohes

Fenster. Die Tür ist 0,85 Meter breit und 2,00 Meter hoch. Wie groß ist die Fläche, die gestrichen werden muss?

Die schmalen Wände sind 3,30 Meter breit und 2,60 Meter hoch. Ihre Flächen betragen demnach

$$3,30 \text{ m} \cdot 2,60 \text{ m} = 8,58 \text{ m}^2$$

Die beiden breiteren Wände haben entsprechend die Fläche

$$4,25 \text{ m} \cdot 2,60 \text{ m} = 11,05 \text{ m}^2$$

Sollten Sie unsicher sein, ob diese beiden Ergebnisse stimmen, dann machen Sie einfach eine Abschätzung, so wie ich es im ersten Kapitel erläutert habe. Die erste Abschätzung ergibt 3 Meter · 3 Meter = 9 Quadratmeter und die zweite 4 Meter · 3 Meter = 12 Quadratmeter. Rechnung und Abschätzung liegen so nahe beieinander, dass Sie davon ausgehen können, dass die Ergebnisse richtig sind. Allerdings müssen Sie von den Wandflächen noch Fenster und Tür abziehen. Beim Fenster ergeben sich

$$1,40 \text{ m} \cdot 1,10 \text{ m} = 1,54 \text{ m}^2$$

und bei der Tür

$$0,85 \text{ m} \cdot 2,00 \text{ m} = 1,70 \text{ m}^2$$

Die Fläche, die Sie streichen müssen, ist also

$$2 \cdot 8,58 \text{ m}^2 + 2 \cdot 11,05 \text{ m}^2 - 1,54 \text{ m}^2 - 1,70 \text{ m}^2 = 36,02 \text{ m}^2$$

Wenn Sie vorhaben, auch noch die Decke mit der gleichen Farbe zu streichen, müssen Sie noch die Grundfläche des Raumes von

$$3,30 \text{ m} \cdot 4,25 \text{ m} = 14,025 \text{ m}^2$$

addieren. Dann beträgt die zu streichende Gesamtfläche

$$36,02 \text{ m}^2 + 14,025 \text{ m}^2 = 50,045 \text{ m}^2$$

Nehmen wir an, Sie möchten Ihren Garten von 16 Metern Länge und 7 Metern Breite mit einer 20 Zentimeter dicken Schicht Mutterboden auffüllen. Hier müssen Sie jetzt ein Volumen berechnen. Wie viele Kubikmeter Mutterboden brauchen Sie also dafür? Das Volumen bestimmen Sie in diesem Fall, indem Sie Länge mal Breite mal Höhe rechnen:

$$16\,\text{m} \cdot 7\,\text{m} \cdot 20\,\text{cm} = 16\,\text{m} \cdot 7\,\text{m} \cdot 0{,}2\,\text{m} = 22{,}4\,\text{m}^3$$

So viel Mutterboden müssen Sie besorgen. Im Zweifel freilich etwas mehr. Diese Rechnung stimmt natürlich nur dann, wenn Ihr Garten rechteckig ist.

Eventuell sind Sie aber schon einmal in die folgende Situation geraten: Sie möchten gerne ein bestimmtes Grundstück in einer guten Lage kaufen. Und es ist zwar viereckig, aber nicht rechteckig. Das stört Sie an sich nicht so sehr. Allerdings können Sie jetzt nicht einfach die Fläche des Grundstücks dadurch bestimmen, indem Sie die Breite mit der Länge multiplizieren. Trotzdem würden Sie gerne die Fläche kennen, denn dann könnten Sie bei einem Quadratmeterpreis von 400 Euro den Preis bestimmen. Das Grundstück ist vorne 28 Meter und hinten 22 Meter breit. Links ist es 23 Meter und rechts 17 Meter lang.

Ihr erster Gedanke ist vielleicht, einfach den Mittelwert der vorderen und der hinteren bzw. der linken und der rechten Seitenlänge zu nehmen und dann so zu rechnen, als ob das Grundstück rechteckig wäre. Damit liegen Sie in vielen Fällen gar nicht so schlecht. Sie würden also hier für das Grundstück eine mittlere Breite von 25 Metern und eine mittlere Länge von 20 Metern annehmen. Demnach wäre das Grundstück

$$25\,\text{m} \cdot 20\,\text{m} = 500\,\text{m}^2$$

groß. Bei einem Preis von 400 Euro pro Quadratmeter kämen Sie auf einen Grundstückspreis von 200 000 Euro. Aber Sie wollen die Fläche gerne genau berechnen. Sind Sie dazu in der Lage, wenn Sie auf dem Grundstück nur Längen messen können und außerdem nur einen einfachen Taschenrechner mit den Grundrechenarten und der Wurzeltaste besitzen?

Das ist tatsächlich möglich. Allerdings reichen dazu die vier Seitenlängen des Grundstücks nicht aus. Es wäre sehr hilfreich, den Winkel an einer Seite des Grundstücks zu kennen, aber dazu fehlen Ihnen die Hilfsmittel. Ein eleganter Ausweg ist die Messung einer Diagonalen. Sie teilt das Viereck in zwei Dreiecke, deren Flächen Sie nun getrennt berechnen können. Angenommen, eine Diagonale ist 31 Meter lang, so wie Sie es in der folgenden Abbildung sehen können:

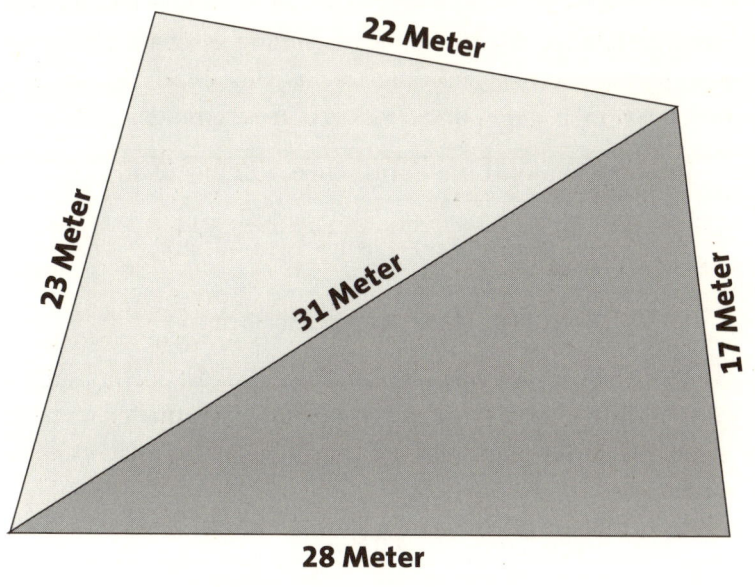

Bezeichnen Sie die Seiten eines Dreiecks mit a, b und c, egal in welcher Reihenfolge, dann erhalten Sie die Dreiecksfläche F nach der Formel des griechischen Mathematikers Heron:

$$F = \frac{1}{4}\sqrt{(a + b + c) \cdot (a + b - c) \cdot (b + c - a) \cdot (c + a - b)}$$

Im Dreieck oben links wären dann zum Beispiel a = 22 m, b = 23 m und c = 31 m. Die Rechnung ergibt dann:

$$F = \frac{1}{4}\sqrt{(22\,m + 23\,m + 31\,m) \cdot (22\,m + 23\,m - 31\,m)}$$

$$\cdot \sqrt{(23\,m + 31\,m - 22\,m) \cdot (31\,m + 22\,m - 23\,m)}$$

$$= \frac{1}{4}\sqrt{76\,m \cdot 14\,m \cdot 32\,m \cdot 30\,m} = \frac{1}{4}\sqrt{1\,021\,440\,m^2}$$

$$\approx \frac{1}{4} \cdot 1010,66\,m^2 \approx 252,67\,m^2$$

Damit haben Sie die Hälfte der Rechnung geschafft. Genauso berechnen Sie das Dreieck unten rechts. Hier setzen Sie zum Beispiel a = 17 m, b = 31 m und c = 28 m und bekommen:

$$F = \frac{1}{4}\sqrt{(17\,m + 31\,m + 28\,m) \cdot (17\,m + 31\,m - 28\,m)}$$

$$\cdot \sqrt{(31\,m + 28\,m - 17\,m) \cdot (28\,m + 17\,m - 31\,m)}$$

$$= \frac{1}{4}\sqrt{76\,m \cdot 20\,m \cdot 42\,m \cdot 14\,m} \approx 236,35\,m^2$$

Die 252,67 Quadratmeter und die 236,35 Quadratmeter der beiden Dreiecke ergeben zusammen 489,02 Quadratmeter.

Bei 400 Euro pro Quadratmeter würde das Grundstück demnach

$$489,02 \cdot 400\ Euro = 195\,608\ Euro$$

kosten. Es wäre also einige tausend Euro billiger als nach Ihrer groben Abschätzung.

Zugegebenermaßen war die Rechnung etwas aufwendiger. Aber vielleicht waren Sie auch erstaunt, wie man mit einfachen Hilfsmitteln die Fläche eines so schiefen Grundstücks genau bestimmen kann. Wenn Sie ein nicht rechtwinkligen Grundstück haben, können Sie nun die Fläche mit dieser Methode selbst berechnen. Sie sind dazu nicht mehr auf fremde Hilfe angewiesen.

Abdeckung einer Kreisscheibe

Gegeben sei eine Kreisscheibe. Wie viele Kreisscheiben mit dem halben Durchmesser braucht man mindestens, um die große Scheibe vollständig abzudecken?

Auflösung auf Seite 179

Welches Haus ist wohl das beste?
Entscheidungsstrategien

Sie suchen eine Arbeitsstelle. Wäre es nicht schön, wenn Sie sich auf eine bestimmte Anzahl von annehmbaren Arbeitsstellen bewerben und sich am Ende für irgendeine entscheiden könnten? Selbst wenn Sie nur für einen Teil der Arbeitsstellen eine Zusage bekämen, könnten Sie sich davon eine aussuchen. Leider ist es aber im Leben oft so, dass Sie sich für oder gegen etwas entscheiden müssen, ohne gleichzeitig eine Alternative zu haben. Bekommen Sie nach einem Vorstellungsgespräch eine interessante Arbeitsstelle angeboten, müssen Sie sich oft entscheiden, bevor Sie ein weiteres Angebot haben. Sie befinden sich in einer ähnlichen Situation, wenn Sie auf der Suche nach einem Haus sind, das Sie kaufen wollen.

Vielleicht glauben Sie, dass Sie sich auf Ihr Bauchgefühl verlassen müssen, ob Sie das aktuelle Angebot annehmen oder lieber auf ein besseres Angebot warten. Aber das stimmt nicht. Für solche Situationen gibt es tatsächlich eine optimale Strategie, um mit möglichst großer Wahrscheinlichkeit die beste oder im Mittel eine möglichst gute Arbeitsstelle zu bekommen. Das Gleiche gilt für den Kauf eines Hauses.

Nehmen wir also an, Sie wollen ein Haus kaufen. In Ihnen steckt ein wenig der Zocker. Sie wollen also von allen annehmbaren Häusern, die Sie besichtigt haben und die Sie kaufen könnten, das Haus bekommen, das Ihnen am besten gefallen hat, und zwar mit möglichst großer Wahrscheinlichkeit. Dafür sind Sie bereit, irgendeines der anderen Häuser zu akzeptieren, wenn Sie Pech haben. Die Strategie, die Sie verfolgen müssen, heißt Odds-Strategie. Zunächst müssen Sie sich überlegen, wie viele

Häuser Sie höchstens besichtigen wollen, bevor Sie aufgeben. Angenommen, es sollen höchstens 8 Häuser sein. Dann machen Sie Folgendes: Sie teilen die maximale Anzahl der Häuser, also 8, durch die Euler'sche Zahl e ≈ 2,718282. Sie erhalten als Ergebnis ungefähr $\frac{8}{e}$ ≈ 2,943 ≈ 3. Die Euler'sche Zahl gehört neben der Zahl π ≈ 3,141593 zu den wichtigsten Konstanten in der Mathematik und kommt in vielen Formeln und Funktionen vor.

Nun besichtigen Sie zunächst 3 Häuser, die Ihnen zusagen. Aber Sie kaufen keines dieser Häuser. Beim vierten Haus überlegen Sie, ob es Ihnen insgesamt besser gefällt als die ersten 3 Häuser. Ist das der Fall, dann kaufen Sie es. Wenn nicht, besichtigen Sie das fünfte Haus. Hier verfahren Sie in gleicher Weise, nur dass Sie dieses Haus jetzt mit den vier vorhergehenden vergleichen müssen. Wenn Sie schon das achte Haus besichtigt haben, dann kaufen Sie es, egal, ob es Ihnen besser gefällt als alle anderen Häuser oder nicht.

Wenn Sie dieser Strategie folgen, dann bekommen Sie mit der überraschend hohen Wahrscheinlichkeit von etwa

$$\frac{1}{e} \approx 0,368 = 36,8\,\%$$

das Haus, das Ihnen insgesamt am besten gefällt, selbst dann, wenn Sie nicht alle 8 Häuser besichtigt haben. Diese Wahrscheinlichkeit lässt sich mit keiner anderen Strategie übertreffen. Allerdings müssen Sie in Kauf nehmen, dass Sie mit großer Wahrscheinlichkeit ein Haus bekommen, das für Sie gerade noch akzeptabel ist.

Neigen Sie nicht zu dieser Risikostrategie, dann gefällt Ihnen vermutlich die folgende besser; sie ist eine Abwandlung der Odds-Strategie. Es kommt hier nicht darauf an, mit möglichst großer Wahrscheinlichkeit das beste Haus zu bekommen, sondern das Ziel lautet, im Durchschnitt ein möglichst gutes Haus zu erwerben. Auch hier müssen Sie selbst entscheiden, was Sie unter «gut» und «besser» verstehen. Außerdem müssen Sie nach jeder erfolgreichen Besichtigung alle bisher gesehenen Häuser in Ihre persönliche Favoriten-Reihenfolge bringen. Dabei kommt der Top-Favorit auf Platz 1.

Angenommen, Sie glauben, insgesamt 8 annehmbare Häuser besichtigen zu können. Dann suchen Sie in der linken Spalte der folgenden Tabelle das Feld für 8 Objekte. Die rechts davon stehenden Zahlen geben die Platzierungen an, die für die Entscheidung nach der ersten, zweiten, dritten usw. erfolgreichen Besichtigung (Gelegenheit) maßgeblich sind. In diesem Beispiel dürfen Sie das erste und zweite Haus nur besichtigen, aber nicht kaufen, das dritte oder vierte Haus nehmen Sie, wenn es von den schon besichtigten Häusern das beste ist, für das fünfte oder sechste entscheiden Sie sich, wenn es mindestens das zweitbeste ist, und für das siebte Haus reicht Platz 4. Wenn Sie schließlich auch noch das achte Haus besichtigen müssen, sind Sie gezwungen, sich dafür entscheiden, denn es erreicht immer mindestens Platz 8.

Die vorletzte Spalte der Tabelle gibt an, wie viele Häuser Sie durchschnittlich besichtigen müssen. Obwohl Sie höchstens 8 Besichtigungen machen wollten, brauchen Sie hier im Mittel weniger als 5 Besichtigungen bis zum Kauf. Die letzte Spalte gibt an, welche Platzierung Sie im Durchschnitt für das gekaufte Haus erwarten können. Bei höchstens 8 besichtigten Häusern bekommen Sie im Mittel das aus Ihrer Sicht zweitbeste oder drittbeste Haus. Diese Platzierung berücksichtigt nicht nur die besichtigten Häuser, sondern auch die, die Sie sich nicht mehr anzuschauen brauchten, weil Sie schon vorher zugreifen konnten. Das ist ein erstaunlich gutes Ergebnis.

Sie sollten sich also bei solchen wichtigen Entscheidungen nicht nur auf Ihre Intuition verlassen. Mit beiden Strategien erzielen Sie nämlich im Mittel bessere Ergebnisse.

Die Tabelle zeigt die optimalen Strategien für bis zu 16 Häuser:

Anzahl der Objekte	G1	G2	G3	G4	G5	G6	G7	G8	G9	G10	G11	G12	G13	G14	G15	G16	Anzahl der Gelegenheiten	Mittlere Platzierung
1	1																1,00	1,00
2	1	1															1,00	1,50
3	–	1	3														2,50	1,67
4	–	1	2	4													2,67	1,88
5	–	1	1	2	5												3,00	2,05
6	–	–	1	2	3	6											4,13	2,22
7	–	–	1	1	2	3	7										4,62	2,28
8	–	–	1	1	2	2	4	8									4,75	2,40
9	–	–	–	1	1	2	3	4	9								6,09	2,50
10	–	–	–	1	1	2	2	3	5	10							6,29	2,56
11	–	–	–	1	1	1	2	2	3	5	11						6,74	2,61
12	–	–	–	1	1	1	2	2	3	4	6	12					6,81	2,68
13	–	–	–	–	1	1	1	2	2	3	4	6	13				8,26	2,73
14	–	–	–	–	1	1	1	2	2	3	3	5	7	14			8,35	2,78
15	–	–	–	–	1	1	1	1	2	2	3	4	5	7	15		8,75	2,82
16	–	–	–	–	1	1	1	1	2	2	2	3	4	5	8	16	8,94	2,87

Welches Haus ist wohl das beste?

Aufteilung eines Kuchens unter drei Kindern

Unter den drei Kindern Amelie, Ben und Clara soll ein Kuchen aufgeteilt werden. Gibt es Verfahren, bei dem sich kein Kind aus gutem Grund beschweren kann, es hätte weniger als ein Drittel des Kuchens bekommen?

Auflösung auf Seite 182

II. Verblüffende Mathematik im Alltag

Nachdem ich im ersten Teil des Buches versucht habe, Ihnen die Mathematik nahezubringen, die Sie im Alltag anwenden können, geht es hier um die Mathematik, die uns umgibt und die unser Leben mitbestimmt, auch wenn wir sie nicht unbedingt beherrschen und verstehen müssen. Sie werden verblüfft sein, wo überall die Mathematik uns fast unmerklich durch den Alltag begleitet. Ich habe für Sie einige anschauliche Beispiele herausgesucht.

Voll auf die 12

Was ist das Besondere an den Zahlen 12, 60 und 360?

Das Dutzend, also die 12, erfreut sich immer noch großer Beliebtheit, obwohl weltweit das Dezimalsystem benutzt wird.

Und es ist ja auch nicht so, dass die Menschen zum Beispiel in Europa vor einigen hundert Jahren das Duodezimal-System (12er-System) benutzt hätten. Vielmehr war in unseren Breiten seit der Einführung von Zahlensystemen das Dezimalsystem praktisch immer vorherrschend. Trotzdem spielte und spielt das Dutzend in der Gesellschaft eine besondere Rolle. Wir teilen einen Kuchen in 12 Stücke und wohl kaum in 10. Das Jahr teilen wir nach wie vor in 12 Monate ein. Und bis vor einigen Jahrzehnten ergaben 12 Pennies in Großbritannien noch einen Shilling. Erst zögerlich passte man in Europa die Geldstückelung dem Dezimalsystem an. Aber warum setzen wir in so vielen Bereichen nach wie vor voll auf die 12?

Unsere Uhren zeigen die nächste Minute schon nach 60 Sekunden und nicht erst nach 100 Sekunden. Und sie teilen auch die Stunde in 60 Minuten. Aber warum kommt nach 19:59 Uhr nicht etwa 19:60, sondern 20:00 Uhr? Sie werden vielleicht antworten, dass das vor langer Zeit so festgelegt wurde und dass man halt dabei geblieben ist. Aber warum sind wir bei dieser Konvention geblieben, obwohl wir doch zum Rechnen und Messen grundsätzlich das Dezimalsystem benutzen und deshalb Zeitumrechnungen ein wenig umständlich sind?

Und in der Schule wurde uns beigebracht, dass ein Vollkreis in 360 Grad eingeteilt wird und nicht in 100 Grad oder in 1000. Und das wird wohl auch so bleiben.

Was also ist so besonders an den Zahlen 12, 60 und 360, dass wir sie trotz unseres Dezimalsystems so häufig verwenden, obwohl sie keine «runden» Zahlen sind wie die 10, die 100 oder die 1000? Vielleicht ist Ihnen aufgefallen, dass diese Zahlen viele Teiler haben. Sie können also relativ zu ihrer Größe ohne Rest durch viele andere Zahlen geteilt werden, kurz, sie haben eine hohe Teilbarkeit. Beispielsweise können wir die 60 ohne Rest durch 1, 2, 3, 4, 5, 6, 10, 12, 15, 20, 30 und sich selbst teilen.

Auf der anderen Seite gibt es die Primzahlen. Sie lassen sich nur durch 1 und durch sich selbst teilen. Primzahlen wie zum Beispiel die 2, 3, 5 oder 7 haben also genau zwei Teiler. Zahlen mit mehr als zwei Teilern sind keine Primzahlen, aber sie sind aus Primzahlen zusammengesetzt. Deshalb heißen sie zusammengesetzte Zahlen. Die Primzahlen in einer zusammengesetzten Zahl bezeichnet man als Primfaktoren. Die 60 zum Beispiel besteht aus den Primfaktoren 2, 3 und 5, weil $2 \cdot 2 \cdot 3 \cdot 5 = 60$ ist.

Zahlen mit besonders vielen Teilern bilden noch einmal eine eigene Menge: die sogenannten hochzusammengesetzten Zahlen. Sie zeichnen sich dadurch aus, dass sie mehr Teiler haben als jede positive ganze Zahl, die kleiner ist als sie. Auch die 12, die 60 und die 360 gehören dazu.

Die 60 mit ihren 12 Teilern ist also eine hochzusammengesetzte Zahl, weil keine Zahl kleiner als 60 so viele Teiler hat. Obwohl sie nicht zusammengesetzt sind, zählt man auch die 1 und die 2 zu den hochzusammengesetzten Zahlen, weil sie ebenfalls mehr Teiler haben als jede kleinere positive ganze Zahl. Es gibt unendlich viele hochzusammengesetzte Zahlen. Die folgende Tabelle enthält die kleinsten mit der Anzahl ihrer Teiler:

Zahl	Anzahl ihrer Teiler
1	1
2	2
4	3
6	4
12	6
24	8
36	9
48	10
60	12
120	16
180	18
240	20
360	24
720	30
840	32
1260	36
1680	40
2520	48
5040	60
7560	64
10080	72

Wir wissen nun, dass 12, 60 und 360 hochzusammengesetzt sind. Aber sie haben noch eine weitere Eigenschaft, die sie zu besonderen hochzusammengesetzten Zahlen macht. Sie haben nämlich nicht nur mehr Teiler als jede kleinere positive ganze Zahl, sondern sie werden auch erst von ihrem Doppelten in der Anzahl ihrer Teiler übertroffen. Im Gegensatz zur 24, die schon von der 36 übertroffen wird, wird nämlich die 12 erst von der 24 geschlagen. Ebenso wird die 60 erst von der 120 und die 360 erst von der 720 in der Anzahl ihrer Teiler übertroffen. Das ist deshalb eine besondere Eigenschaft, weil das Doppelte einer Zahl stets mehr Teiler hat als die Zahl selbst.

Jede positive ganze Zahl n können wir nämlich als Produkt ihrer Primfaktoren ausdrücken:

$$n = 2^a \cdot 3^b \cdot 5^c \cdot \ldots$$

Diese Darstellung heißt Primfaktorzerlegung. Dabei sind die Exponenten a, b, und c ganze Zahlen, die größer oder gleich 0 sind. Ist ein Exponent gleich 0, dann kommt der entsprechende Primfaktor in der Zahl n nicht vor. Die Anzahl der Teiler d(n) erhalten wir, indem wir alle möglichen Kombinationen der Primfaktoren dieser Zahl bilden. Kommt die Primzahl 2 also a-mal als Faktor vor, dann kann die 2 in der Primfaktorzerlegung der verschiedenen Teiler von n entweder a-mal, (a − 1)-mal, …, zweimal, einmal oder keinmal vorkommen. Es gibt demnach a + 1 Möglichkeiten. Unabhängig davon gibt es b + 1 Möglichkeiten für den Primfaktor 3, c + 1 Möglichkeiten für den Primfaktor 5 usw. Die Anzahl der Möglichkeiten für alle Primfaktoren, also die Anzahl der Teiler, erhalten wir, indem wir das Produkt bilden:

$$d(n) = (a + 1) \cdot (b + 1) \cdot (c + 1) \cdot \ldots$$

Beispielsweise lässt sich die Zahl 24 als $2 \cdot 2 \cdot 2 \cdot 3 = 2^3 \cdot 3^1$ darstellen. Also ist hier a = 3 und b = 1. Damit ist die Anzahl der Teiler von 24 gleich

$$d(24) = (3 + 1) \cdot (1 + 1) = 8$$

Hier sehen Sie die Teiler von 24 einmal als Tabelle zusammengestellt:

Anzahl der Prim- faktoren 2	Anzahl der Prim- faktoren 3	Produkt der Primfaktoren
0	0	$2^0 \cdot 3^0 = 1$
1	0	$2^1 \cdot 3^0 = 2$
2	0	$2^2 \cdot 3^0 = 2 \cdot 2 = 4$
3	0	$2^3 \cdot 3^0 = 2 \cdot 2 \cdot 2 = 8$
0	1	$2^0 \cdot 3^1 = 3$
1	1	$2^1 \cdot 3^1 = 2 \cdot 3 = 6$
2	1	$2^2 \cdot 3^1 = 2 \cdot 2 \cdot 3 = 12$
3	1	$2^3 \cdot 3^1 = 2 \cdot 2 \cdot 2 \cdot 3 = 24$

Verdoppeln wir eine Zahl n, dann kommt in der Primfaktorzerlegung dieser Zahl eine 2 als Primfaktor dazu, und a vergrößert sich um 1. Wenn $2^a \cdot 3^b \cdot 5^c \cdot \ldots$ die Primfaktorzerlegung von n ist, dann ist $2^{a+1} \cdot 3^b \cdot 5^c \cdot \ldots$ die Primfaktorzerlegung von 2n, also dem Doppelten von n. Die Anzahl der Teiler von 2n ist also:

$$d(2n) = (a + 2) \cdot (b + 1) \cdot (c + 1) \cdot \ldots$$

Weil der Faktor a+2 größer als a+1 ist, ist die Anzahl der Teiler des Doppelten einer Zahl immer größer als die Anzahl der Teiler der Zahl selber.

Sie können das auch einsehen, wenn Sie sich klarmachen, dass das Doppelte einer Zahl mindestens alle Teiler der ursprünglichen Zahl und außerdem sich selbst als Teiler hat, also mindestens einen Teiler mehr. Zum Beispiel hat die Zahl 24, wie Sie gesehen haben, die Teiler 1, 2, 3, 4, 6, 8, 12 und 24. Das Doppelte von 24, nämlich 48, hat also ebenfalls diese Teiler und zusätzlich mindestens die 48.

Damit ist auch klar, warum es unendlich viele hochzusammengesetzte Zahlen gibt. Man kann ja jede hochzusammengesetzte Zahl verdoppeln. Und spätestens mit der Verdoppelung findet man eine neue hochzusammengesetzte Zahl.

Allerdings gibt es nur 7 Zahlen, die die eben erwähnte besondere Bedingung erfüllen, und man erkennt, warum wir nach wie vor voll auf die 12 setzten sollten:

1   2   **6** **12** **60** 360 2520

Der Vorteil der hohen Teilbarkeit der 6, der 12, der 60 und der 360 leuchtet unmittelbar ein. Die 1 als Startzahl und die 2 als kleinste Primzahl sind, wie schon erwähnt, nicht zusammengesetzt. Und die 2520 ist wohl zu groß, um im Alltag von Nutzen zu sein.

Immer, wenn jemand auf eine besonders gute Teilbarkeit von Zahlen Wert legt, sollte er also diese 7 Zahlen im Blick haben. Denn bei der Teilbarkeit handelt sich um eine universelle Eigenschaft, die nicht etwa vom verwendeten Zahlensystem wie zum Beispiel unserem Dezimalsystem abhängt.

Schon die klugen babylonischen Mathematiker könnten die besonders hohe Teilbarkeit dieser Zahlen erkannt haben. In Babylonien wurde jedenfalls um 1800 v. Chr. von den Sumerern das Sexagesimalsystem (60er-System) übernommen, dessen Anfänge bis 3000 v. Chr. zurückreichen. Der Tag hatte 12 Doppelstunden und es gab 12 Tierkreiszeichen entlang der scheinbaren Bahn der Sonne am Himmel. Der Vollkreis wurde in 360 Grad eingeteilt, obwohl die Babylonier wussten, dass das Jahr etwas mehr als 365 Tage hatte. Das Sexagesimalsystem diente später auch als Grundlage beim Einteilen der Stunde in 60 Minuten und der Minute in 60 Sekunden. Gründlich erforscht wurden die Eigenschaften der hochzusammengesetzten Zahlen erst von einem der berühmtesten Mathematiker des 20. Jahrhunderts, dem Inder Srinivasa Ramanujan.

Neun Stellen und das kleine Einmaleins

Es gibt nur eine neunstellige Zahl, bei der jede
Ziffer von 1 bis 9 genau einmal vorkommt, und bei
der die Zahl aus ihrer ersten und zweiten Ziffer,
die Zahl aus ihrer zweiten und dritten Ziffer, …
und die Zahl aus ihrer achten und neunten Ziffer
alle ein Ergebnis aus dem kleinen Einmaleins sind.

Welche Zahl ist das?

Beispiel: 124563789

$12 = 3 \cdot 4$
$24 = 4 \cdot 6$
$45 = 5 \cdot 9$
$56 = 7 \cdot 8$
$63 = 7 \cdot 9$

37 ist kein Ergebnis aus dem kleinen Einmaleins!
124563789 ist also keine Lösung!

Aber wie lautet die Lösung und warum?

Auflösung auf Seite 185

Wie gut ist unser Geld?
Warum es 10-, 20- und 50-Euro-Scheine gibt

Dass Sie beim Bezahlen in Ihrer Geldbörse Scheine mit den Werten 30, 40 oder 60 finden, ist in keiner Währung der Welt zu erwarten, wohin Sie auch reisen. Dasselbe gilt für Münzen mit den Zahlen 3, 4 und 6. Sie finden auf den Münzen und Scheinen stets Zahlen, die mit 1, 2 oder 5 anfangen. Es gibt weltweit nur wenige Ausnahmen, zum Beispiel die Viertel-Dollar-Münze in den USA, die 25 Cent entspricht, oder die 25-Paise-Münze in Indien. Warum hat man sich für die fast immer gleiche Stückelung entschieden?

Fangen wir mit zwei sehr einfachen und naheliegenden Gesichtspunkten an. Weil wir im Dezimalsystem rechnen, sollte es der Übersichtlichkeit wegen auf jeden Fall Münzen oder Scheine mit den Werten 1, 10, 100, 1000 usw. geben. In Zehnerpotenzen ausgedrückt sind das die Werte 10^0, 10^1, 10^2, 10^3 usw. Dabei sollten die Exponenten 0, 1, 2, 3 usw. lückenlos bis zur größten verwendeten Zahl vorkommen.

Ebenso dient es der Übersichtlichkeit, wenn es zwischen zwei aufeinanderfolgenden Zehnerpotenzen jeweils die gleiche Anzahl von verschiedenen Münzen oder Scheinen gibt, die auch Werte mit gleichen Anfangsziffern haben sollten. Das bedeutet zum Beispiel, dass es zwischen 1 Cent und 9 Cent genauso viele verschiedene Münzen geben sollte wie zwischen 10 Cent und 90 Cent. Das könnten beispielsweise Werte wie 1 Cent, 3 Cent, 6 Cent und 10 Cent, 30 Cent, 60 Cent sein. Damit dabei nicht Bruchteile der kleinsten Einheit – zum Beispiel Cent – entstehen, sollte es ausschließlich Münzen und Scheine geben, bei deren Wert nur die Anfangsziffer von 0 verschieden ist. Eine 25-Cent-

Münze wäre deshalb im Prinzip nicht sinnvoll, weil es dann auch eine 2,5-Cent-Münze geben sollte.

Die nächsten beiden Gesichtspunkte sind nicht so offensichtlich, aber ebenfalls sehr praktisch. Wir sollten nämlich pro Bereich, also zum Beispiel von 1 Euro bis 9 Euro oder von 10 Euro bis 90 Euro, möglichst wenige Münzen oder Scheine bei uns tragen müssen, um jeden beliebigen Betrag passend bezahlen zu können.

Um herauszufinden, mit wie vielen Münzen oder Scheinen wir dazu auskommen, müssen wir uns klarmachen, dass sich jede Zahl eindeutig als Summe von Zweierpotenzen darstellen lässt, wenn jede Zweierpotenz höchstens einmal vorkommen darf. Für die Zahl 7 kommen wir beispielsweise gerade mit drei Zweierpotenzen aus:

$$7 = 2^2 + 2^1 + 2^0 = 4 + 2 + 1$$

Lückenlos alle kleineren Zahlen als 7 bekommen wir dadurch, dass wir in der Summe entsprechende Zweierpotenzen weglassen. Beispiel:

$$5 = 2^2 + 2^0 = 4 + 1$$

Euromünzen mit den Werten 4 Euro, 2 Euro und 1 Euro reichen also gerade, um alle Beträge von 1 Euro bis 7 Euro zusammenzustellen. Bis 9 Euro reicht das aber nicht. Vier Münzen oder Scheine wären aber auf jeden Fall genug, um jeden Betrag passend bezahlen zu können. Man sieht nämlich leicht, dass es dann sogar bis 15 Euro reichen würde:

$$15 = 2^3 + 2^2 + 2^1 + 2^0 = 8 + 4 + 2 + 1$$

Es gibt insgesamt 17 verschiedene Fälle, mit höchstens vier Münzen oder Scheinen alle Beträge von 1 Euro bis 9 Euro zusammenzustellen:

Fall 1	Fall 2	Fall 3	Fall 4	Fall 5	Fall 6	Fall 7	Fall 8	Fall 9
1€	1€	1€	1€	1€	1€	1€	1€	1€
1€	1€	1€	1€	2€	2€	2€	2€	2€
2€	3€	3€	3€	2€	2€	2€	3€	3€
5€	4€	5€	6€	4€	5€	6€	3€	4€

Fall 10	Fall 11	Fall 12	Fall 13	Fall 14	Fall 15	Fall 16	Fall 17
1€	1€	1€	1€	1€	1€	1€	1€
2€	2€	2€	2€	2€	2€	2€	2€
3€	3€	3€	4€	4€	4€	4€	4€
5€	6€	7€	4€	5€	6€	7€	8€

Ein Beispiel sind Münzen oder Scheine mit den Werten 1 Euro, 1 Euro, 3 Euro und 6 Euro (Fall 4). Die Beträge von 1 Euro bis 9 Euro können wir hier folgendermaßen zusammenstellen:

1 Euro = 1 Euro
2 Euro = 1 Euro + 1 Euro
3 Euro = 3 Euro
4 Euro = 3 Euro + 1 Euro
5 Euro = 3 Euro + 1 Euro + 1 Euro
6 Euro = 6 Euro
7 Euro = 6 Euro + 1 Euro
8 Euro = 6 Euro + 1 Euro + 1 Euro
9 Euro = 6 Euro + 3 Euro

Um zum Beispiel 918 Euro passend zu bezahlen, teilen wir den Betrag entsprechend den Ziffern in die Teilbeträge 900 Euro, 10 Euro und 8 Euro auf und stellen jeden Teilbetrag – nach dem Schema oben – mit Münzen oder Scheinen aus dem zugehörigen Bereich zusammen:

900 Euro = 600 Euro + 300 Euro

10 Euro = 10 Euro

8 Euro = 6 Euro + 1 Euro + 1 Euro

Die Werte 1 Euro, 1 Euro, 3 Euro und 6 Euro ergeben zusammen 11 Euro. Dieses Ergebnis führt uns zur nächsten wünschenswerten Eigenschaft: Wir sollten pro Bereich nämlich nicht nur möglichst wenige Münzen oder Scheine, sondern auch einen möglichst kleinen Geldbetrag brauchen, um jeden beliebigen Betrag passend bezahlen zu können. Unter den 17 eben erwähnten Fällen gibt es 4, bei denen wir tatsächlich nur 9 Euro brauchen, um jeden Betrag von 1 Euro bis 9 Euro bezahlen zu können:

Fall 1	Fall 2	Fall 5	Fall 8
1 €	1 €	1 €	1 €
1 €	1 €	2 €	2 €
2 €	3 €	2 €	3 €
5 €	4 €	4 €	3 €

In jedem dieser 4 Fälle benötigen wir nur drei unterschiedliche Münzen oder Scheine. Fall 1 hat noch den zusätzlichen Vorteil, dass wir die drei unterschiedlichen Münzen oder Scheine in einer anderen Kombination (Fall 6) zusammenstellen können, um alle Beträge von 1 Euro bis 9 Euro zusammenstellen können. Das Gleiche gilt für die Fälle 5 und 13:

Fall 6	Fall 13
1 €	1 €
2 €	2 €
2 €	4 €
5 €	4 €

Im Fall 13 brauchen wir insgesamt 11 Euro. Im Fall 6 reichen schon 10 Euro. Außerdem können wir in den Fällen 1 und 6 mit fünf 2-Euro-Münzen oder zwei 5-Euro-Münzen die nächste Zehnerpotenz (10 Euro) erreichen, weil 2 und 5 die beiden Primfaktoren von 10 sind.

Man kann also zusammenfassend sagen, dass die Stückelung in 1 Euro, 2 Euro, 5 Euro, 10 Euro, 20 Euro, 50 Euro usw. die günstigsten Eigenschaften im Dezimalsystem hat.

Obwohl wir heute das Dezimalsystem verwenden und das sicher in absehbarer Zeit nicht ändern werden, können wir natürlich einen Schritt weitergehen und uns die Frage stellen, welches überhaupt das günstigste Zahlensystem für die Stückelung von Münzen und Scheinen ist. Wir betrachten jetzt nicht mehr das Dezimalsystem – das Zahlensystem mit der Basis 10 –, sondern allgemein ein Zahlensystem mit der Basis n. Dabei soll n eine ganze Zahl größer gleich 2 sein ($n \geq 2$). Wegen der am Anfang erwähnten Übersichtlichkeit sollten in diesem Zahlensystem die Werte n^0, n^1, n^2, n^3 usw. vorkommen. Im Hexadezimalsystem (16er-System) gäbe es dann unter anderem Münzen und Scheine mit den Werten $16^0 = 1$, $16^1 = 16$, $16^2 = 256$, $16^3 = 4096$ usw. Diese Werte sind hier als Dezimalzahlen angegeben. Auf den Münzen und Scheinen würden allerdings nicht Dezimalzahlen stehen, sondern die Hexadezimalzahlen 1_{16}, 10_{16}, 100_{16} und 1000_{16}, natürlich ohne den Index 16, der hier nur zur Verdeutlichung dient.

In der folgenden Tabelle sind einige Hexadezimalzahlen und die entsprechenden Dezimalzahlen gegenübergestellt. Statt der 10 Ziffern des Dezimalsystems gibt es im Hexadezimalsystem 16 Ziffern. Für die 6 zusätzlichen Ziffern hat man sich allerdings keine neuen Symbole ausgedacht, sondern verwendet dafür die Buchstaben von A bis F.

Dezimal-zahl	Hexadezi-malzahl	Dezimal-zahl	Hexadezi-malzahl	Dezimal-zahl	Hexadezi-malzahl
1	1	17	11	64	40
2	2	18	12	128	80
3	3	19	13	256	100
4	4	20	14	512	200
5	5	21	15	1024	400
6	6	22	16	2048	800
7	7	23	17	4096	1000
8	8	24	18	8192	2000
9	9	25	19	16384	4000
10	A	26	1A	32768	8000
11	B	27	1B	65536	10000
12	C	28	1C	131072	20000
13	D	29	1D	262144	40000
14	E	30	1E	524288	80000
15	F	31	1F	1048576	100000
16	10	32	20	16777216	1000000

Um das für die Geldstückelung günstigste Zahlensystem herauszufinden, müssen wir überlegen, wie viele Münzen oder Scheine wir pro Bereich mindestens brauchen, um jeden Betrag bezahlen zu können. Aus unseren Überlegungen zur Summe von Zweierpotenzen lässt sich eine Formel herleiten, mit der wir diese Anzahl allgemein für das Zahlensystem mit der Basis n berechnen können:

$$Z_n(n) = \text{integer}(\log_2(n-1)) + 1 = \text{integer}(\frac{\lg(n-1)}{\lg(2)})g_2 + 1$$

Dabei ist integer der ganzzahlige Anteil einer Zahl. Beispiele wären integer(3,17) = 3 und integer(9,998) = 9. Der Nachkommaanteil wird also weggelassen. $\log_2$ ist der Zweierlogarithmus (Logarithmus zur Basis 2) und lg der Zehnerlogarithmus (Logarithmus zur Basis 10) einer reellen Zahl. Der Logarithmus einer Zahl bezeichnet ihren Exponenten, wenn man die Zahl als Potenz in der entsprechenden Basis darstellt. Beispielsweise ist $\log_2(1024) = 10$, weil $2^{10} = 1024$ ist, und $\lg(1\,000\,000) = 6$, weil $10^6 = 1\,000\,000$ ist.

Warum ist die Formel richtig? Würde die Formel nur

$$Z_n(n) = \text{integer}(\log_2(n))$$

lauten, dann würde sich zum Beispiel beim Übergang vom 15er-System zum 16er-System die Anzahl der benötigten Münzen und Scheine um 1 erhöhen. $\text{integer}(\log_2(15))$ ist 3, $\text{integer}(\log_2(16))$ dagegen 4. Tatsächlich erhöht sich die Anzahl aber erst beim Übergang vom 16er-System zum 17er-System. Diese Verschiebung kann man in der Formel dadurch berücksichtigen, dass man n durch n − 1 ersetzt. Die Vergrößerung der Anzahl wird jetzt immer richtig berechnet. Das Ergebnis ist allerdings immer um 1 zu klein. Deshalb muss man – wie man in der Formel oben sieht – zusätzlich 1 addieren. Will man $Z_n(n)$ mit einem Taschenrechner ausrechnen, dann ist es nützlich, die Formel so umzuformen, dass der Zweierlogarithmus durch den Zehnerlogarithmus ersetzt wird. So erhält man die rechts angegebene Variante der Formel.

Wenn wir die verschiedenen Zahlensysteme miteinander vergleichen wollen, müssen wir berücksichtigen, dass die Bereiche in den Zahlensystemen verschieden groß sind. Wir müssen die Anzahl $Z_n(n)$ also in jedem Zahlensystem für einen gleich großen Bereich berechnen. Wählen wir dafür den Bereich im Dualsystem, also für n = 2, dann lautet die Formel:

$$Z_2(n) = Z_n(n) \cdot \frac{\lg(2)}{\lg(n)}$$

Der kleinste und damit beste Wert für $Z_2(n)$ ist 1 und wird von allen Zahlensystemen erreicht, deren Basis eine Zweierpotenz ist. Das Dualsystem (2er-System), das 4er-System, das Oktalsystem (8er-System) und das Hexadezimalsystem (16er-System) gehören dazu und eignen sich also am besten für ein Geldsystem. Beispielsweise ergäben sich daraus für das Hexadezimalsystem Münzen oder Scheine mit den hexadezimalen Werten 1 Cent, 2 Cent, 4 Cent, 8 Cent, 10 Cent, 20 Cent, 40 Cent, 80 Cent, 1 Euro, 2 Euro, 4 Euro usw.

Leider hat unser Dezimalsystem mit 1,204 den schlechtesten Wert von allen geraden Zahlensystemen. Das Hexalsystem (6er-System, auch Senärsystem genannt) liegt etwas besser mit 1,161 und das Duodezimalsystem (12er-System) kommt immerhin auf einen Wert von Z_2 (n) von 1,116. Weil alle diese Werte indessen nicht viel größer als 1 sind, hält sich der Nachteil unseres Dezimalsystems gegenüber dem Hexadezimalsystem allerdings in Grenzen.

Neun Stellen und doch restlos teilbar

Es gibt nur eine neunstellige Zahl, bei der jede Ziffer von 1 bis 9 genau einmal vorkommt, und bei der die Zahl aus der ersten Ziffer durch 1, die Zahl aus den ersten beiden Ziffern durch 2, die Zahl aus den ersten 3 Ziffern durch 3, ... und die 9-stellige Zahl selbst ohne Rest durch 9 teilbar ist.

Welche Zahl ist das?

Beispiel: 123654789
1 ist durch 1 teilbar.
12 ist durch 2 teilbar.
123 ist durch 3 teilbar.
1236 ist durch 4 teilbar.
12365 ist durch 5 teilbar.
123654 ist durch 6 teilbar.
1236547 ist nicht durch 7 teilbar!
123654789 ist also keine Lösung!

Aber wie lautet die Lösung und warum?

Auflösung auf Seite 187

Wie gut ist unser Geld?

Eine Sache der Gewohnheit
Wie gut ist unser Dezimalsystem wirklich?

Wir haben gerade gesehen, dass das Zahlensystem, in das wir hineingeboren wurden, nicht in jedem Fall optimal sein muss. Wie gut ist es also? Eine Frage, die man sich einmal stellen darf.

Denn ob Sie etwas einkaufen, von der Bank Geld abheben, eine Rechnung bezahlen, auf die Uhr oder einen Kalender schauen, einen Lottoschein ausfüllen, ein Backrezept studieren, eine Gebrauchsanleitung lesen oder eine Werbung anschauen, überall stoßen Sie auf Zahlen, die fast immer die gleiche Eigenschaft haben. Sie sind nämlich im Dezimalsystem (10er-System) dargestellt. Wie der Name sagt, hat das Dezimalsystem 10 verschiedene Ziffern. Es ist also ein Zahlensystem mit der Basis 10. Unsere Computer rechnen übrigens in anderen Zahlensystemen, weil sie damit effektiver sind. Sie verwenden meistens das Hexadezimalsystem (16er-System) oder das Dualsystem (2er-System). Damit wir die Ergebnisse ihrer Rechnungen ohne Mühe lesen können, wandeln sie sie für uns in Dezimalzahlen um.

Warum ist das Dezimalsystem für uns eigentlich so vorteilhaft? Liegt es nur daran, dass wir uns daran gewöhnt haben? Oder ist es tatsächlich für den täglichen Gebrauch besonders gut geeignet? Und gibt es auch noch andere Zahlensysteme, die gut oder sogar besser für den Alltag wären?

Gehen wir der Frage nach. Vielleicht haben Sie bemerkt, dass bisher nur von sogenannten Stellenwertsystemen die Rede war. Diese Systeme zeichnen sich dadurch aus, dass jede Ziffer an jeder Stelle einer Zahl auftauchen kann, ihr Wert aber von ihrer Position in der Zahl abhängt. Stellenwertsysteme sind sehr elegant für Berechnungen und haben sich weltweit durchgesetzt.

Kein Stellenwertsystem ist im Gegensatz dazu das System der römischen Zahlen. Es leuchtet unmittelbar ein, dass es deshalb für Berechnungen weniger geeignet ist. Wenn wir also herausfinden wollen, welche Eigenschaften ein gutes Zahlensystem für den Alltag haben sollte, dann ist es sinnvoll, die Suche auf die Stellenwertsysteme zu beschränken.

Unsere lateinische Schrift besteht aus nur etwa 30 verschiedenen Buchstaben. Das ist sehr praktisch zum Erlernen der Buchstaben und damit der Schrift. Aus dem gleichen Grund, der Praktibilität, sollte auch ein Zahlensystem möglichst nicht mehr als 30 verschiedene Ziffern haben.

Erinnern Sie sich, wie Sie das kleine Einmaleins gelernt haben. Sie brauchen es, um Zahlen im Dezimalsystem im Kopf oder auch schriftlich multiplizieren zu können. Vielleicht wurden Sie von Ihrem Mathematiklehrer auch mit dem großen Einmaleins gequält, also mit den Multiplikationen bis 20 mal 20. Das ist schon ziemlich mühsam zu lernen und wird für das Dezimalsystem auch eigentlich nicht gebraucht. In einem 20er-Zahlensystem entspräche das aber dem kleinen Einmaleins. Deshalb werden Sie sicher zustimmen, dass ein Zahlensystem für den Alltag auf keinen Fall mehr als 20 verschiedene Ziffern haben sollte.

Praktisch sollte auch das Lesen und Schreiben von Zahlen sein. Damit es nicht zu anstrengend wird, sollten die Zahlen also nicht zu lang sein. Je weniger verschiedene Ziffern Sie in einem Zahlensystem zur Verfügung haben, desto mehr davon müssen Sie verwenden, um eine bestimmte Zahl darzustellen. Im Dualsystem (2er-System) und im 3er-System sind die Zahlen im Durchschnitt mehr als doppelt so lang wie im Dezimalsystem. Sie zu schreiben ist schon etwas mühselig. Ein gutes Zahlensystem sollte also mindestens 4 verschiedene Ziffern haben.

Außerdem ist es oft nützlich, wenn Sie einer Zahl schnell ansehen können, ob sie ohne Rest durch kleine Zahlen wie 2, 3, 4, 5 oder 6 teilbar ist. Dazu dienen die Teilbarkeitsregeln, die Sie in der Schule gelernt haben.

Eine Zahl ist dann durch 2 teilbar, wenn ihre letzte Ziffer (Z) ohne Rest durch 2 teilbar ist. 2014 ist also durch 2 teilbar, weil 4 durch 2 teilbar ist. Auf die gleiche Weise kann man die Teilbarkeit durch 5 untersuchen. 2015 ist entsprechend durch 5 teilbar, weil natürlich 5 durch 5 teilbar ist.

Über die Teilbarkeit durch 4 entscheiden die beiden letzten Ziffern (ZZ) einer Zahl. 2016 ist demnach durch 4 teilbar, weil 16 durch 4 teilbar ist.

Für die Teilbarkeit durch 3 muss man untersuchen, ob die Quersumme (Q) durch 3 teilbar ist. Bei der Zahl 2016 mit ihrer Quersumme $2 + 0 + 1 + 6 = 9$ ist das der Fall. Weil 2016 nicht nur durch die Primzahl 3, sondern auch durch die Primzahl 2 teilbar ist, ist sie auch durch $2 \cdot 3 = 6$ teilbar.

Im Dezimalsystem können wir also die Teilbarkeit durch alle Zahlen bis zum halben Dutzend mit diesen drei einfachsten Teilbarkeitsregeln untersuchen. In anderen Zahlensystemen gelten diese Regeln allerdings teilweise für andere Zahlen. Wenn man die Zahlensysteme bis zur Basis 20 daraufhin untersucht, für welche Zahlen von 2 bis 6 diese drei einfachsten Teilbarkeitsregeln Z, ZZ und Q anwendbar sind, erhält man folgende Tabelle:

Basis des Zahlen- systems	Teilbar- keit durch 2	Teilbar- keit durch 3	Teilbar- keit durch 4	Teilbar- keit durch 5	Teilbar- keit durch 6
2	Z	–	ZZ	–	–
3	Q	Z	–	–	Q und Z
4	Z	Q	Z	–	Z und Q
5	Q	–	Q	Z	–
6	Z	Z	ZZ	Q	Z
7	Q	Q	–	–	Q
8	Z	–	Z	–	

Basis des Zahlensystems	Teilbarkeit durch 2	Teilbarkeit durch 3	Teilbarkeit durch 4	Teilbarkeit durch 5	Teilbarkeit durch 6
9	Q	Z	Q	–	Q und Z
10	Z	Q	ZZ	Z	Z und Q
11	Q	–	–	Q	–
12	Z	Z	Z	–	Z
13	Q	Q	Q	–	Q
14	Z	–	ZZ	–	–
15	Q	Z	–	Z	Q und Z
16	Z	Q	Z	Q	Z und Q
17	Q	–	Q	–	–
18	Z	Z	ZZ	–	Z
19	Q	Q	–	–	Q
20	Z	–	Z	Z	–

Der Tabelle können wir entnehmen, dass unter den Zahlensystemen mit der Basis von 4 bis 20 nur das Hexalsystem (6er-System), das Dezimalsystem (10er-System) und das Hexadezimalsystem (16er-System) diese Bedingung erfüllen. Sie sind also für den täglichen Gebrauch gut geeignet.

Legen wir auf die einfachste Teilbarkeitsregel Z für die kleinsten Zahlen Wert, dann ist das Hexalsystem am besten. Nur hier können wir die Teilbarkeit durch 2 und 3 mit dieser Regel prüfen. Das bedeutet zugleich, dass wir die beiden einfachsten Brüche $\frac{1}{2}$ und $\frac{1}{3}$ mit nur einer Nachkommastelle darstellen können: $\frac{1}{2} = 0{,}3_6$ und $\frac{1}{3} = 0{,}2_6$. Im Dezimalsystem geht das nicht. Zwar ist $\frac{1}{2} = 0{,}5$, aber $\frac{1}{3} = 0{,}333\ldots$

Wie wir schon im vorigen Kapitel gesehen haben, sollten wir uns für das Hexadezimalsystem mit der Basis 16 entscheiden, wenn wir möglichst wenige Münzen und Scheine mitnehmen wollen, um jeden Geldbetrag passend bezahlen zu können.

Der Vorteil des Dezimalsystems ist schließlich, dass es etwa in der Mitte des oben beschriebenen Bereichs liegt. Weder ist also die Darstellung von Zahlen relativ lang, noch ist das Erlernen des kleinen Einmaleins relativ schwierig.

Außerdem stimmt die Anzahl der verschiedenen Ziffern mit der Anzahl unserer Finger überein. Heute zählen wir allerdings kaum noch mit den Fingern. Insofern hat diese vorteilhafte Eigenschaft des Dezimalsystems stark an Bedeutung verloren. Sie hat aber vermutlich die Wahl des Dezimalsystems maßgeblich beeinflusst.

Es sollte nicht unerwähnt bleiben, dass auch das Duodezimalsystem (12er-System) gut abschneidet, wenn wir nur die einfachste Teilbarkeitsregel Z betrachten. Im Duodezimalsystem können wir diese Regel für die Zahlen 2, 3, 4 und 6 anwenden. Im Duodezimalsystem gilt:

$$\frac{1}{2} = 0{,}6_{12}, \frac{1}{3} = 0{,}4_{12}, \frac{1}{4} = 0{,}3_{12} \text{ und } \frac{1}{6} = 0{,}2_{12}$$

Das Hexalsystem und das Duodezimalsystem profitieren dabei davon, dass 6 und 12 hochzusammengesetzte Zahlen sind. Sie haben also im Vergleich zu ihrer Größe sehr viele Teiler (siehe zwei Kapitel zuvor). Das ist zum Beispiel nützlich, wenn wir bei einem Eierkarton mit 6 Eiern oder einem Getränkekasten mit 12 Flaschen vom Gesamtpreis auf den Einzelpreis umrechnen wollen. Das Duodezimalsystem wäre also auch ein geeigneter Kandidat für den täglichen Gebrauch.

Abschließend können wir sagen, dass vier Zahlensysteme gut für den täglichen Gebrauch geeignet sind. Glücklicherweise gehört unser Dezimalsystem dazu. Die Vorteile der anderen drei Zahlensysteme sind aber nicht so groß, dass es sich lohnen würde, eines davon stattdessen einzuführen.

Zehn Stellen und ihre Ziffern

Es gibt nur eine zehnstellige Zahl, deren erste
Ziffer die Anzahl der Nullen der Zahl angibt, die
zweite Ziffer die Anzahl der Einsen, die dritte
Ziffer die Anzahl der Zweien, ... und die letzte
Ziffer die Anzahl der Neunen.

Welche Zahl ist das?

Auflösung auf Seite 191

Eine Sache der Gewohnheit

Geburtstag feiern – aber wann?
Warum die Schaltjahrregeln für unseren Kalender so vorteilhaft sind

Geboren am 29. Februar. Menschen mit diesem Geburtsdatum haben es nicht leicht. Nur alle 4 Jahre haben sie die Gelegenheit, zum richtigen Datum zu feiern. Von den etwa 80 Millionen Menschen in Deutschland sind davon etwa 55 000 Menschen betroffen, wenn man annimmt, dass am 29. Februar etwa gleich viele Menschen geboren werden wie an anderen Tagen. Man muss dazu einfach die 80 Millionen durch 1461 teilen, die Anzahl der Tage, die fast immer zwischen zwei Schalttagen vergehen.

Wann feiern die betroffenen Menschen in den Jahren ohne Schalttag ihren Geburtstag? Sie könnten es am 28. Februar tun, aber eigentlich feiert man seinen Geburtstag ja nicht vorzeitig. Der 1. März wäre auch eine Möglichkeit, weil er quasi ein verhinderter 29. Februar ist. Nur alle 4 Jahre Geburtstag zu feiern, ist dagegen keine gute Option. Bleibt noch die Möglichkeit, die Feier am Abend des 28. Februar zu beginnen, mit den Glückwünschen und den Geschenken aber bis Mitternacht zu warten. Aber im Grunde genommen wäre es viel schöner, wenn jedes Jahr die gleiche Anzahl von Tagen hätte und Schaltjahre nicht nötig wären. Aber warum werden sie gebraucht?

Nun ergibt sich ein Tag aus der Drehung der Erde um sich selbst, ein Jahr dagegen aus dem Umlauf der Erde um die Sonne. Diese beiden Bewegungen sind aber unabhängig voneinander. Deshalb wäre es reiner Zufall, wenn ein Jahr aus einer ganzen Anzahl von Tagen bestehen würde. Und das ist auch nicht so. Man könnte nun einwenden, dass die Länge eines Jahres nicht unbedingt mit der Zeit übereinstimmen muss, die die Erde für einen Umlauf um die Sonne braucht. Wir könnten ja festlegen, dass ein Jahr aus einer bestimmten festen Anzahl von Tagen besteht. Das wäre durchaus eine Möglichkeit. Da aber über die Neigung der Erdachse die Jahreszeiten mit dem Umlauf der Erde um die Sonne zeitlich verknüpft sind, würde das bedeuten, dass die Jahresanfänge zu verschiedenen Jahreszeiten stattfinden würden. Und das wäre für das tägliche Leben noch viel lästiger, als sich nur die Schaltjahre zu merken.

Wir benötigen also für unseren Kalender Schaltjahre und eine Schaltjahrregel. Wie viele Tage hat nun ein Jahr, in das die vier Jahreszeiten genau hineinpassen? So ein Jahr heißt tropisches Jahr, und es ist gerundet 365,24219 mittlere Sonnentage lang.

Teilen wir das Kalenderjahr in nur 365 Tage ein, ist es deshalb um etwa einen Vierteltag oder 0,25 Tage zu kurz. Schon nach etwa 750 Jahren ergibt sich eine Verschiebung von einem halben Jahr relativ zum tropischen Jahr, und im Januar wäre Sommer. Da das Jahr ziemlich genau 0,25 Tage mehr als 365 Tage hat, liegt es nahe, alle 4 Jahre einen Tag einzufügen, sodass dieses Schaltjahr dann 366 Tage hat. Der Vorläufer unserer Zeitrechnung, der Julianische Kalender, hatte genau diese Schaltjahrregel. Er galt von 45 v. Chr. bis 1582 n. Chr.

Wie Sie nachrechnen können, war nun das mittlere Jahr des Julianischen Kalenders mit 365,25 Tagen um 0,00781 Tage oder etwa 11 Minuten zu lang. Dies führte während seiner gesamten Gültigkeitsdauer zu einer Verschiebung der Jahreszeiten von fast 13 Tagen. Deshalb wurden mit der Einführung des Gregorianischen Kalenders im Jahr 1582 zehn Tage übersprungen. Damit glich man allerdings nur die Verschiebung von 10 Tagen aus, die seit dem ersten Konzil von Nicäa im Jahr 325 n. Chr. entstanden war.

Die restliche Verschiebung von 3 Tagen ließ man bestehen. Um die Verschiebungen, die der Julianische Kalender bewirkt, in

Zukunft zu vermeiden, besteht die Schaltjahrregel des Gregorianischen Kalenders aus folgenden 3 Schritten:

1. Die durch 4 teilbaren Jahre erhalten zusätzlich einen Schalttag. Danach wären beispielsweise 2000, 2016 und 2100 Schaltjahre. Die mittlere Länge eines Kalenderjahres erhöht sich dadurch um einen Vierteltag von 365 auf 365,25 Tage.
2. Die durch 100 teilbaren Jahre bekommen diesen Schalttag wieder weggenommen. Es bliebe in unserem Beispiel nur 2016 als Schaltjahr übrig. Im Durchschnitt verringert sich dadurch die Länge des Kalenderjahres um 0,01 Tage von 365,25 auf 365,24 Tage.
3. Schließlich wird bei den durch 400 teilbaren Jahren der Schalttag wieder hinzugefügt. Damit ist auch 2000 ein Schaltjahr. Und die mittlere Länge des Kalenderjahres erhöht sich um 0,0025 Tage von 365,24 auf 365,2425 Tage.

Das Gregorianische Kalenderjahr hat also im Durchschnitt

$$(365 + \frac{1}{4} - \frac{1}{100} + \frac{1}{400}) \text{ Tage} = (365 + \frac{97}{400}) \text{ Tage}$$

$$= 365,24250 \text{ Tage.}$$

Es ist damit nur noch 0,00031 Tage länger als das tropische Jahr. Eine Verschiebung von einem Tag wird erst nach über 3200 Jahren erreicht. Diese Zeit könnte man als sinnvolle Gültigkeitsdauer des Gregorianischen Kalenders bezeichnen. Der größte Nenner der drei Brüche $\frac{1}{4}$, $\frac{1}{100}$ und $\frac{1}{400}$ bestimmt auch die Anzahl der Jahre, nach der sich der Rhythmus der Schaltjahre wiederholt. Der Gregorianische Kalender hat demnach eine Periodenlänge von 400 Jahren.

Der Gregorianische Kalender benötigt also nur eine Sorte von Schaltjahren. Diese Schaltjahre mit ihren 29 Tagen im Februar haben auch nur genau einen Tag mehr. Dadurch verschiebt sich der Frühlingsanfang im darauf folgenden März ebenfalls nur um einen Tag. Es gibt keine Schaltjahre mit mehr als 366 Tagen, weil im dritten Schritt der Schaltjahrregel nur solche Jahre einen Schalttag zugewiesen bekommen, die keinen mehr haben. Damit das funktioniert, muss die Periodenlänge eines Schrittes ein Vielfaches der Periodenlänge des vorhergehenden Schrittes sein. 400 Jahre sind deshalb das 4-Fache von 100 Jahren und 100 Jahre das 25-Fache von 4 Jahren. Außerdem müssen die einzelnen Schritte abwechselnd Schalttage hinzufügen und wieder wegnehmen. Die größte Abweichung im Gregorianischen Kalender ergibt sich, wenn die Zeitspanne bis zum nächsten Schaltjahr 8 Jahre beträgt, wie es beispielsweise zwischen 1896 und 1904 der Fall war. Diese Abweichung summiert sich dann zu $8 \cdot 0{,}24219$ Tagen = $1{,}93752$ Tagen. Dieser Kalender hat also eine maximale zeitliche Schwankung von etwas weniger als 2 Tagen. Von einem Mittelwert aus betrachtet beträgt die Abweichung damit in beide Richtungen etwas weniger als einen Tag.

Ist dies nun die beste Schaltjahrregel, die frühestens nach 3200 Jahren eine Verschiebung von einem Tag bewirkt und die keine höhere zeitliche Schwankung aufweist? Dazu könnte man den Bruch mit dem kleinsten Nenner suchen, der den Nachkommaanteil der Länge des tropischen Jahres von $0{,}24219$ mindestens genauso gut annähert wie der Gregorianische Kalender. Dieser gesuchte Bruch lautet $\frac{8}{33} \approx 0{,}24242$ und ist nur um $0{,}00023$ größer als $0{,}24219$.

In einen entsprechenden fiktiven Kalender müsste man in diesem Fall alle 33 Jahre 8 Schalttage einfügen, und man würde erst nach mehr als 4300 Jahren eine Verlängerung von einem Tag erhalten. Um die zeitliche Schwankung klein zu halten, würde man die Schalttage möglichst gleichmäßig verteilen. Die gleichmäßigste Verteilung entstünde, wenn man siebenmal nach jeweils 4 Jahren und einmal nach 5 Jahren einen Schalttag einfügen würde. Die zeitliche Schwankung wäre dann sogar nur 5 · 0,24219 Tage = 1,21095 Tage. Diese Regel könnte also länger gelten, sie würde zu einer kleineren Schwankung führen und scheint auch noch einfacher zu sein. Trotzdem hätte dieser Kalender einen schwerwiegenden Nachteil. Selbst bei der Festlegung eines geeigneten Anfangstermins lässt sich nicht mehr auf einfache Weise aus einer Jahreszahl bestimmen, ob das entsprechende Jahr ein Schaltjahr ist.

Das liegt unter anderem daran, dass sich im Dezimalsystem keine hinreichend einfache Teilbarkeitsregel für die 33 im Bruch $\frac{8}{33}$ aufstellen lässt. Dagegen lassen sich Jahreszahlen schnell auf die Teilbarkeit der im Gregorianischen Kalender verwendeten Nenner 4, 100 und 400 untersuchen. Hier können Sie die einfachsten Teilbarkeitsregeln anwenden, bei denen nur die letzte Ziffer, die beiden letzten Ziffern oder die Quersumme auf Teilbarkeit untersucht werden müssen (siehe voriges Kapitel). Demnach gibt es einfache Teilbarkeitsregeln für 2, 3, 4, 5, 6, 9, 10, 20, 25, 30, 40, 50, 60, 90, 100, 200, 250, 300, 400, 500 usw. Eine Jahreszahl ist genau dann durch 400 teilbar, wenn die beiden letzten Ziffern gleich 0 sind und die Zahl aus den restlichen Ziffern durch 4 teilbar ist. Nach der obigen Definition ist die Teilbarkeitsregel für 4 einfach. Weil für $\frac{8}{33}$ keine einfachen Teilbarkeitsregeln existieren, scheidet dieser Bruch also aus.

Aber gibt es vielleicht weitere Brüche als Näherung für 0,24219 mit einfachen Teilbarkeitsregeln für deren Nenner? Hier ist die Liste aller Brüche mit Nennern kleiner als 400, die keine größere Abweichung von 0,24219 haben als der Bruch 97/400 des Gregorianischen Kalenders:

$$\frac{8}{33}, \frac{15}{62}, \frac{23}{95}, \frac{31}{128}, \frac{38}{157}, \frac{39}{161}, \frac{47}{194}, \frac{53}{219}, \frac{54}{223}, \frac{55}{227},$$

$$\frac{61}{252}, \frac{63}{260}, \frac{68}{281}, \frac{70}{289}, \frac{71}{293}, \frac{77}{318}, \frac{79}{326}, \frac{82}{339}, \frac{83}{343}, \frac{84}{347},$$

$$\frac{85}{351}, \frac{86}{355}, \frac{87}{359}, \frac{91}{376}, \frac{95}{392}.$$

Sie erkennen schnell, dass es für keinen dieser Nenner eine einfache Teilbarkeitsregel gibt. Alle Brüche mit Nennern kleiner als 400 scheiden damit aus. Der Bruch mit dem kleinsten Nenner, der größer als 400 ist und die Forderung nach einer einfachen Teilbarkeitsregel erfüllt, ist $\frac{121}{500} = 0{,}242$. Er lässt sich sogar wieder so als Summe von Teilbrüchen darstellen, dass die daraus entstehende Regel neben dem normalen Jahr nur Schaltjahre mit einem Schalttag benötigt:

$$\frac{121}{500} = \frac{125}{500} - \frac{5}{500} + \frac{1}{500} = \frac{1}{4} - \frac{1}{100} + \frac{1}{500}$$

Die entsprechende Regel ähnelt der des Gregorianischen Kalenders sehr. Im dritten Schritt der Regel wird hier bei den durch 500 teilbaren Jahren wieder ein Schalttag eingefügt. Diese Regel erfüllt auch alle genannten Bedingungen. Die Schalttage werden abwechselnd hinzugefügt und weggenommen. Die Periodenlängen von 4, 100 und 500 Jahren stehen in einem ganzzahligen Verhältnis zueinander. Und schließlich müssen wir nur einfache Teilbarkeitsregeln anwenden. Es ergibt sich sogar erst nach über 5200 Jahren eine Verschiebung von einem Tag. Der Kalender könnte also länger gelten als der Gregorianische Kalender. Allerdings führt der Kalender nach 5200 Jahren zu einer Verkürzung um einen Tag. Die nächste Regel müsste also wieder einen Schalttag hinzufügen, was nach den genannten Bedingungen nicht geht. Dieser Kalender wäre also im Gegensatz zum Gregorianischen Kalender nicht erweiterbar. Wir kommen also zu dem Schluss:

Unter den genannten Bedingungen ist der Gregorianische Kalender der beste.

Nun betätigen wir uns einmal als Weiterentwickler des Gregorianischen Kalenders, um ihn länger als 3200 Jahre verwendbar zu machen. Dazu führen wir die folgenden Rechnungen durch:

Wir bilden den Kehrwert des Nachkommaanteils 0,24219. Er beträgt 4,1290. Die größte ganze Zahl, die kleiner als 4,1290 ist und für die einfache Teilbarkeitsregeln gelten, ist die schon oben erwähnte 4. Die Differenz von 0,24219 und $\frac{1}{4}$ = 0,25000 ist −0,00781.

Von dieser Differenz bilden wir wieder den Kehrwert. Wir erhalten −128,04. Die kleinste ganze Zahl, die größer als −128,04 ist, die ein Vielfaches von 4 ist und für die einfache Teilbarkeitsregeln gelten, ist −100. Jetzt bilden wir die Differenz von −0,00781 und −$\frac{1}{100}$ = −0,01000. Sie ergibt 0,00219.

Wiederum berechnen wir den Kehrwert und bekommen 456,6. Die größte ganze Zahl, die kleiner als 456,6 ist, die ein Vielfaches von 100 ist und für die einfache Teilbarkeitsregeln gelten, ist diesmal die uns auch schon bekannte 400. Als letzten Schritt bilden wir die Differenz von 0,00219 und $\frac{1}{400}$ = 0,00250 und erhalten −0,00031.

Der Kehrwert ergibt −3226. Die kleinste ganze Zahl, die größer als −3226 ist, die ein Vielfaches von 400 ist und für die einfache Teilbarkeitsregeln gelten, ist schließlich −2000.

Der weiterentwickelte Gregorianische Kalender hat jetzt eine Schaltjahrregel mit 4 Schritten. Das Minuszeichen vor −100 und −2000 bedeutet, dass alle 100 bzw. 2000 Jahre die vorher eingefügten Schalttage wieder weggenommen werden müssen. Die Erweiterung des Gregorianischen Kalenders besteht also darin, an allen durch 2000 teilbaren Jahren die Schalttage wieder zu entfernen. Das wäre im Jahr 4000 das erste Mal der Fall. Und weil $\frac{1}{4} - \frac{1}{100} + \frac{1}{400} - \frac{1}{2000}$ = 0,24200 sind und sich als Differenz zu 0,24219 der Wert 0,00019 ergibt, würde der so erweiterte Gregorianische Kalender etwas mehr als 5000 Jahre gelten.

Macht so eine Erweiterung überhaupt Sinn? Wie lang ist denn eine sinnvolle Gültigkeitsdauer aller Kalender, die versuchen, sich der oben angegebenen Länge des tropischen Jahres anzunähern? Diese Länge ist nämlich aus astronomischen Gründen nicht konstant, sondern sie nimmt momentan pro Jahrhundert um etwa eine halbe Sekunde ab. In etwa 5000 Jahren führt diese Abnahme zu einer Verschiebung von insgesamt etwa einem Tag zwischen dem tropischen Jahr und dem Gregorianischen Kalenderjahr. Eine wesentlich längere Gültigkeitsdauer als 5000 Jahre macht deshalb für Kalender mit festen Regeln keinen Sinn.

Der Gregorianische Kalender ist natürlich an die Bedingungen auf der Erde angepasst. Man kann die entsprechenden Überlegungen aber auch auf andere Planeten anwenden. Als Beispiel möchte ich hier die entsprechende Schaltjahrregel für den Mars erwähnen, der wie die Erde Jahreszeiten hat. Das tropische Marsjahr besteht aus 668,5907 marsianischen Sonnentagen. Verlangt man, dass die Schaltjahrregel für den Marskalender mindestens die gleiche Genauigkeit wie der Gregorianische Kalender für die Erde besitzt, dann findet man mit Hilfe der obigen Rechnung Perioden von 2 Jahren, 10 Jahren, 100 Jahren und 1000 Jahren. Die Schaltjahrregel für einen Marskalender wäre also etwas komplizierter und bestünde aus vier Schritten:

1. Die geraden Jahre bekommen einen Tag weggenommen, den Schalttag.
2. Bei den durch 10 teilbaren Jahren wird der Schalttag wieder hinzugefügt.
3. Die durch 100 teilbaren Jahre bekommen diesen Schalttag wieder weggenommen.

4. Schließlich wird bei den durch 1000 teilbaren Jahren der Schalttag wieder hinzugefügt.

Das Kalenderjahr auf dem Mars wäre damit um 0,0003 Marstage zu lang und der Marskalender wäre ungefähr so genau wie der Gregorianische Kalender.

Zum Schluss möchte ich Sie auf eine nicht uninteressante Tatsache aufmerksam machen: Die Schaltjahrregel des Gregorianischen Kalenders ist eng mit dem Dezimalsystem verknüpft, weil sie die einfachen Teilbarkeitsregeln des Dezimalsystems ausnutzt. Diese Teilbarkeitsregeln sind nämlich in den verschiedenen Zahlensystemen verschieden. Würden wir ein anderes Zahlensystem benutzen, hätten wir auch eine andere Schaltjahrregel. Beispielsweise ergäbe sich im Hexadezimalsystem (16er-Zahlensystem) eine Regel mit nur zwei Schritten. Trotzdem wäre sie wesentlich genauer. Alle durch 4 teilbaren Jahre bekämen einen zusätzlichen Schalttag, und bei allen durch 128 teilbaren Jahren würde er wieder weggenommen. Die Dezimalzahl 128 entspricht der Hexadezimalzahl 80_{16} und damit der Hälfte der hexadezimalen Zahl 100_{16}. Ein Kalender mit dieser Regel hätte demnach eine mittlere Jahreslänge von

$$(365 + \frac{1}{4} - \frac{1}{128})\ \text{Tagen} \approx 365,24219\ \text{Tagen}$$

und wäre damit praktisch genauso lang wie das aktuelle tropische Jahr.

Aufteilung einer Erbschaft

Ein reicher Geschäftsmann besitzt 41 Firmen.
In seinem Testament hat er festgelegt, dass das
älteste seiner drei Kinder die Hälfte seiner Firmen
erben soll, das zweitälteste ein Drittel und das
jüngste ein Siebtel. Als der Vater stirbt, sind die
Kinder ratlos, wie sie den Wunsch des Vaters
erfüllen sollen, da sich 41 weder durch 2 noch
durch 3 oder durch 7 teilen lässt. Sie fragen
einen gemeinsamen Freund, der eine eigene Firma
besitzt, ob er ihnen weiterhelfen kann. Dieser rät,
sich an die «Weisheit» des Romans «Per Anhalter
durch die Galaxis» von Douglas Adams zu halten.
Dort wird berichtet, dass nach den Berechnungen
des Computers «Deep Thought» die Antwort auf
die Frage nach dem Leben, dem Universum und
dem ganzen Rest genau 42 ist. Er macht deshalb
den Vorschlag, bei der Aufteilung so zu tun, als
wäre seine eigene Firma ebenfalls Teil der Erbschaft. Tatsächlich kann das nun aus 42 Firmen
bestehende Erbe zur vollen Zufriedenheit der
Kinder aufgeteilt werden, ohne dass der Freund
seine Firma abgeben muss.

Wie ist das möglich?

Auflösung auf Seite 194

Geburtstag feiern – aber wann?

Good vibrations
Warum das Klavier 12 Tasten pro Oktave hat

Es wird immer wieder behauptet, dass Musiker oft gut in Mathematik sind und dass Mathematiker oft ein Musikinstrument spielen. Ich kenne dazu zwar keine repräsentative Untersuchung, aber dass es eine Verbindung zwischen Mathematik und Musik gibt, ist unbestreitbar. Zunächst ist Musik nichts anderes als ein Gemisch aus sich überlagernden Luftschwingungen. Allerdings enthält diese Mischung mathematische Gesetzmäßigkeiten, die mitentscheidend dafür sind, dass sich Schallwellen in unserem Gehirn in Gefühl verwandeln. Dabei spielt der Wohlklang in der Musik eine wichtige Rolle. Welchen mathematischen Beziehungen muss ein Musikinstrument folgen, um flexibel und elegant möglichst viele wohlklingende, also konsonante Klänge erzeugen zu können? Sehr anschaulich lässt sich diese Frage am Klavier klären, weil dort jede Taste einen bestimmten Ton erzeugt.

Warum hat eigentlich ein Klavier immer 12 Tasten pro Oktave, und zwar 7 weiße und 5 schwarze? Eine Oktave ist ja das Intervall zwischen zwei Tönen, von denen der höhere Ton die doppelte Frequenz hat, also aus doppelt so vielen Schwingungen pro Sekunde besteht. Von allen Zweiklängen klingt dieses Intervall am harmonischsten, hat also die größte Konsonanz. Das liegt daran, dass die Frequenzen der beiden Töne im denkbar einfachsten Zahlenverhältnis zueinander stehen, nämlich im Verhältnis 2:1. Deshalb ist die Oktave für jedes sinnvolle Tonsystem grundlegend. Dazu gehören die Tonsysteme mit pythagoräischer, reiner, wohltemperierter und gleichstufiger Stimmung. Seit dem 19. Jahrhundert ist ein Tonsystem mit gleichstufiger Stimmung weit verbreitet in der Musikwelt. Es zeichnet sich dadurch aus, dass das Frequenzverhältnis von zwei benachbarten Tönen immer gleich ist. Damit sind alle Töne prinzipiell gleichberechtigt. Das verwendete System heißt Zwölftonsystem, weil es 12 Töne pro Oktave besitzt, die zum Beispiel von den 12 Tasten eines Klaviers erzeugt werden können. Nicht verwechseln sollte man übrigens den Begriff mit der Zwölfton*musik*, die kein System, sondern eine Musikrichtung darstellt. Aber warum setzt man auch hier voll auf die 12?

Dazu berechnen wir zunächst das Frequenzverhältnis von benachbarten Tönen. Ein Beispiel: Wenn wir drei Oktaven übereinander legen, dann hat der höchste Ton die 8-fache Frequenz des tiefsten Tons, weil $2^3 = 2 \cdot 2 \cdot 2 = 8$ ist. Aus dem Frequenzverhältnis von 8:1 für das ganze Intervall von drei Oktaven erhalten wir das Frequenzverhältnis für eine Oktave, indem wir die dritte Wurzel aus 8 ziehen. Entsprechend erhalten wir das Frequenzverhältnis von zwei benachbarten Tönen bei 12 Tönen pro Oktave, indem wir $\sqrt[12]{2}$ berechnen:

$$\sqrt[12]{2} \approx 1{,}059463$$

Fügen wir 12 dieser Intervalle aneinander, erreichen wir wieder den für die Oktave notwendigen Faktor 2, weil gilt:

$$(\sqrt[12]{2})^{12} = 2$$

Gleiche Frequenzverhältnisse zwischen benachbarten Tönen können wir natürlich immer erreichen, unabhängig davon, in wie viele Töne wir eine Oktave aufteilen. Schwierigkeiten tauchen aber auf, wenn wir nicht nur die Oktave, sondern auch die Quinte, den Zweiklang mit der zweitgrößten Konsonanz und einem Frequenzverhältnis von 3:2, in einem Tonsystem mit äquidistanten Tönen darstellen wollen.

Nehmen wir an, wir haben ein Tonsystem mit n äquidistanten Tönen pro Oktave. Wir wollen eine Quinte durch zwei

Töne im Abstand von k Tonschritten darstellen. Wie wir gesehen haben, ist das Frequenzverhältnis für zwei benachbarte Töne bei 12 Tönen pro Oktave gleich $\sqrt[12]{2}$. Bei n Tönen pro Oktave ist das Frequenzverhältnis entsprechend gleich $\sqrt[n]{2}$. Zwei benachbarte Töne bilden einen Tonschritt. Um das Frequenzverhältnis für k Tonschritte zu berechnen, müssen wir diesen Ausdruck k-mal mit sich selbst multiplizieren, also hoch k nehmen. Wir erhalten $(\sqrt[n]{2})^k$. Dieses Frequenzverhältnis soll gleich dem der Quinte, also gleich 3:2 sein. Oder anders ausgedrückt:

$$(\sqrt[n]{2})^k = (2^{\frac{1}{n}})^k = 2^{\frac{k}{n}} = 3 : 2 = \frac{3}{2} = 1,5$$

Nehmen wir von beiden Seiten dieser Gleichung den Zehnerlogarithmus – abgekürzt mit $\lg_{10}$ oder lg – dann ergibt sich:

$$\lg(2^{\frac{k}{n}}) = \lg(\frac{3}{2})$$

Wir wenden die folgenden Rechenregeln für Logarithmen an:

$$\lg(a^b) = b \cdot \lg(a) \text{ und}$$

$$\lg\left(\frac{a}{b}\right) = \lg(a) - \lg(b)$$

Wir erhalten dann:

$$\lg(2^{\frac{k}{n}}) = \frac{k}{n} \cdot \lg(2)$$

$$\lg(\frac{3}{2}) = \lg(3) - \lg(2)$$

Also gilt:

$$\frac{k}{n} \cdot \lg(2) = \lg(3) - \lg(2)$$

Nachdem wir beide Seiten der Gleichung durch lg(2) geteilt haben, bekommen wir die gesuchte Beziehung:

$$\frac{k}{n} = \frac{\lg(3) - \lg(2)}{\lg(2)} \approx 0,584963$$

Eine exakte Gleichheit der beiden Ausdrücke ist leider unmöglich, weil $\frac{k}{n}$ eine rationale Zahl ist, $\frac{lg(3) - lg(2)}{lg(2)}$ aber eine irrationale. Wir können nur eine möglichst gute Übereinstimmung der beiden Ausdrücke erreichen, indem wir für verschiedene Anzahlen n von Tönen pro Oktave das beste k suchen. Es gibt also prinzipiell kein perfektes Tonsystem und wir müssen uns darauf beschränken, ein möglichst gutes zu finden.

Wie viele Töne pro Oktave sollte ein Tonsystem mindestens haben? Weil sich die Quarte mit einem Frequenzverhältnis von 4:3 – als Ergänzung der Quinte zur Oktave – von der Quinte klanglich unterscheiden sollte, brauchen wir für ein gleichstufiges Tonsystem mindestens 3 Töne pro Oktave. Die folgende Tabelle fängt deshalb beim Dreitonsystem an und zeigt alle Tonsysteme bis zu 1000 Töne pro Oktave, bei denen das Frequenzverhältnis der jeweils angenäherten Quinte die reine Quinte besser trifft als ein Tonsystem mit weniger Tönen. In der Tabelle sind neben den Abweichungen zur reinen Quinte auch die zur reinen großen Terz (Frequenzverhältnis 5:4) aufgeführt:

Tonsysteme	Anzahl der Tonschritte für die Quinte	Abweichung von der reinen Quinte	Anzahl der Tonschritte für die große Terz	Abweichung von der reinen großen Terz
3-Ton-System	2	+ 5,827 %		
5-Ton-System	3	+ 1,048 %		
7-Ton-System	4	− 0,943 %	2	− 2,479 %
12-Ton-System	7	− 0,113 %	4	+ 0,794 %
29-Ton-System	17	+ 0,086 %	9	− 0,800 %
41-Ton-System	24	+ 0,028 %	13	− 0,336 %

Tonsysteme	Anzahl der Tonschritte für die Quinte	Abweichung von der reinen Quinte	Anzahl der Tonschritte für die große Terz	Abweichung von der reinen großen Terz
53-Ton-System	31	− 0,004 %	17	− 0,081 %
200-Ton-System	117	+ 0,002599 %	64	− 0,134 %
253-Ton-System	148	+ 0,001229 %	81	− 0,123 %
306-Ton-System	179	+ 0,000334 %	99	+ 0,111 %
359-Ton-System	210	− 0,000297 %	116	+ 0,083 %
665-Ton-System	389	− 0,000007 %	214	− 0,009 %

Die meisten Menschen können Töne nicht unterscheiden, wenn sie sich um weniger als 0,4 % in ihrer Frequenz unterscheiden. Wie die Tabelle zeigt, ist das Zwölftonsystem das System mit den wenigsten Tönen pro Oktave, bei dem wir die angenäherte Quinte nicht von der reinen Quinte unterscheiden können. Hier beträgt die Abweichung nur noch etwa 0,1 %. Alle Systeme mit mehr Tönen bieten in dieser Hinsicht keinen Vorteil, weil sie wesentlich aufwendiger sind. Im Zwölftonsystem liegen die beiden Töne der Quinte 7 Tonschritte und damit die der Quarte 5 Tonschritte auseinander. Als Ergänzung zur Oktave können wir die Quarte deshalb ebenfalls nicht von der reinen Quarte unterscheiden.

Außerdem stellt das Zwölftonsystem auch die große Terz gut dar, und zwar mit einer Abweichung von nur 0,794 %. Die kleine Terz (Frequenzverhältnis 6:5) – als Ergänzung der großen Terz zur Quinte – ist deshalb mit einer Abweichung von 0,908 % fast genauso gut. Die kleine Sexte (Frequenzverhältnis 8:5) und die große Sexte (Frequenzverhältnis 5:3) – als Ergänzung der großen und kleinen Terz zur Oktave – müssen deshalb auch gut mit den entsprechenden reinen Zweiklängen übereinstimmen. Das Zwölftonsystem kann also die wichtigsten 7 Zweiklänge von insgesamt etwa 11 konsonanten Zweiklängen gut darstellen.

Das hat dazu geführt, dass der überwiegende Teil der heutigen Musik das Zwölftonsystem verwendet. Wir können auch sagen, dass praktisch alle gleichstufig gestimmten Musikinstrumente die mathematische Tatsache ausnutzen, dass

$$\frac{3}{2} = 1{,}50 \text{ sehr gut mit } (\sqrt[12]{2})^7 \approx 1{,}4983 \text{ und}$$

$$\frac{5}{4} = 1{,}25 \text{ ziemlich gut mit } (\sqrt[12]{2})^4 \approx 1{,}2599 \text{ übereinstimmt.}$$

Beim gleichstufig gestimmten Klavier hat die wichtige Rolle der 12 also nichts mit ihrer guten Teilbarkeit zu tun, sondern mit den eben erwähnten Beziehungen.

Es bleibt die Frage, welche Tonsysteme noch geeignet wären. Auf jeden Fall sollten alle Töne eines Tonsystems für die meisten Menschen unterscheidbar sein, sich also mindestens um 0,4 % in ihrer Frequenz unterscheiden. Daraus ergibt sich für ein Tonsystem mit n Tönen pro Oktave die Bedingung, dass $\sqrt[n]{2}$ größer als 1,004 sein muss. Die Ungleichung lautet also:

$$\sqrt[n]{2} = 2^{\frac{1}{n}} > 1{,}004$$

Wir wenden auf beiden Seiten der Ungleichung den Zehnerlogarithmus an. Weil der Logarithmus eine streng monoton steigende Funktion ist, also $\lg(1) < \lg(2)$, $\lg(2) < \lg(3)$ usw. gilt, bleibt dabei die linke Seite größer:

$$\lg(2^{\frac{1}{n}}) > \lg(1{,}004)$$

Deshalb gilt auch:

$$\frac{1}{n} \cdot \lg(2) > \lg(1{,}004)$$

Wir teilen jetzt beide Seiten durch lg(1,004) und multiplizieren sie anschließend mit **n**. Weil beide Zahlen positiv sind, bleibt auch jetzt die linke Seite größer:

$$\frac{\lg(2)}{\lg(1{,}004)} > n$$

Somit gilt auch:

$$n < \frac{\lg(2)}{\lg(1{,}004)} \approx 173{,}6$$

n sollte also kleiner als etwa 174 sein. Ein Tonsystem mit mehr Tönen pro Oktave macht demnach keinen Sinn. Von den dann vier übrig bleibenden Tonsystemen kann das 53-Ton-System die Quinte, Quarte, große Terz, kleine Terz, kleine Sexte und große Sexte mit Abstand am besten darstellen.

Professor Suzuki und seine drei Kinder

Professor Suzuki und Professor Baba begegnen sich in der Mensa der Waseda-Universität.

Suzuki: «Guten Abend, mein Bester. Wie geht es Ihnen?»

Baba: «Hervorragend, danke. Und Ihnen?»

Suzuki: «Sehr gut. Sie wissen, dass ich inzwischen drei Kinder habe …»

Baba: «Wirklich? Wie alt sind sie denn?»

Suzuki: «Nun, Sie als guter Mathematiker und Logiker dürften es rasch herausbekommen. Das Produkt ihrer Lebensalter ist 36, und die Summe ihrer Lebensalter ist identisch mit der

Nummer des Hauses, das Sie in Osaka bewohnten.»

Baba (nach einer Pause): «Diese Informationen reichen mir nicht.»

Suzuki: «Sie haben recht. Also, das älteste Kind hat blaue Augen.»

Baba: «Aha, jetzt weiß ich, wie alt sie sind.»

Wie alt sind die drei Kinder?

Auflösung auf Seite 198

Genormtes Schneiden

Was haben DIN-Blätter und Blätter nach dem
Goldenen Schnitt gemeinsam?

Papier im DIN-Format benutzen wir fast jeden Tag für Compu-
terausdrucke, Notizen oder Briefe, meist solche mit der DIN-A4-
Normung. Dabei ist DIN die Abkürzung für «Deutsches Institut
für Normung». Es legte die Standardgrößen für Papierformate
erstmals im Jahr 1922 fest. Alle diese Papiergrößen sehen sich
ähnlich, egal, ob man ein DIN-A3-, DIN-A4- oder DIN-A5-Blatt
benutzt. Denn immer ist das Verhältnis der längeren zur kürzeren Seite gleich. Und wenn man zum Beispiel ein DIN-A4-Blatt
in der Mitte durchschneidet, erhält man zwei gleiche Blätter, die
erstaunlicherweise dem DIN-A4-Blatt ähnlich sind, und zwar
zwei DIN-A5-Blätter. Welches Seitenverhältnis muss so ein Blatt
haben, damit dieser Trick funktioniert?

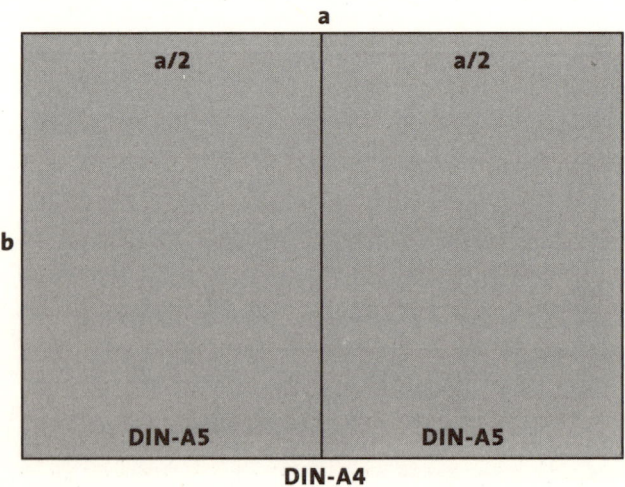

Wegen der vorhandenen Ähnlichkeit muss das Verhältnis der längeren Seite a zur kürzeren Seite b des DIN-A4-Blattes gleich dem Verhältnis der längeren Seite zur kürzeren Seite eines der beiden neu entstandenen DIN-A5-Blätter sein. Die längere Seite eines DIN-A5-Blattes ist dabei identisch mit der Seite b. Die kürzere Seite ist genau halb so lang wie die Seite a, weil diese in der Mitte durchgeschnitten worden ist. Es gilt also:

$$\frac{a}{b} = \frac{b}{\frac{a}{2}}$$

$$\frac{a}{b} = \frac{2b}{a}$$

Nach Multiplikation beider Seiten mit a und b ergibt sich:

$$a^2 = 2 \cdot b^2$$

Die Seite a hat dann die Länge:

$$a = b \cdot \sqrt{2}$$

Und für die Seite b gilt:

$$b = \frac{a}{\sqrt{2}}$$

Das Verhältnis x von kürzerer zu längerer Seite ist demnach:

$$x = \frac{b}{a} = \frac{1}{\sqrt{2}} = 1 : \sqrt{2} \approx 1 : 1{,}4142$$

Die längere Seite a ist also $\sqrt{2}$-mal so lang wie die kürzere. Schneidet man die beiden entstandenen Blätter in gleicher Weise durch, bekommt man immer kleinere ähnliche Blätter, die sich vom jeweiligen vorherigen Blatt um einen Faktor $\sqrt{2}$ in den Seitenlängen unterscheiden. Schließlich besitzt man lauter gleiche Blätter, die dem Ausgangsblatt ähnlich sind. Schneidet man jedoch von den jeweils entstehenden beiden Blättern immer nur eines durch, bekommt man eine Serie von immer kleiner werdenden Blättern, die alle einander ähnlich sind. Jeder einzelne Schnitt erzeugt also ein neues ähnliches Blatt, wie man aus der folgenden Abbildung erkennt:

Legt man noch zusätzlich die Fläche F des Ausgangsblattes mit

$$F = a \cdot b = 1 \text{ m}^2$$

fest, hat man ein sogenanntes DIN-A0-Blatt definiert, von dem ausgehend alle weiteren DIN-Blätter hergestellt werden können. Die Länge der Seiten a und b eines DIN-A0-Blattes errechnet man dadurch, dass man in der Gleichung für F die Seitenlänge b durch $\frac{a}{\sqrt{2}}$ ersetzt:

$$F = a \cdot \frac{a}{\sqrt{2}} = \frac{a^2}{\sqrt{2}} = 1 \text{ m}^2$$

Es gilt also:

$$a^2 = \sqrt{2} \text{ m}^2$$

Die Länge von a beträgt demnach:

$$a = \sqrt{\sqrt{2}}\ \text{m} \approx 1{,}1892\,\text{m}$$

Für die Seite b gilt dann:

$$b = \frac{F}{a} = \frac{a}{\sqrt{2}} = \frac{1\,\text{m}^2}{\sqrt{\sqrt{2}}_{\text{m}}} = \frac{1\,\text{m}}{\sqrt{\sqrt{2}}} \approx 0{,}8409\,\text{m}$$

Die folgende Tabelle enthält für die acht größten DIN-A-Blätter die Seitenlängen und Flächen, die sich ergeben, wenn man sie mathematisch exakt berechnet. Nach DIN werden allerdings diese genauen Werte auf ganze Millimeter gerundet:

Bezeichnung	kürzere Seite	längere Seite	Fläche
DIN A0 (Ausgangsblatt)	0,8409 m	1,1892 m	1,000000 m²
DIN A1	0,5946 m	0,8409 m	0,500000 m²
DIN A2	0,4204 m	0,5946 m	0,250000 m²
DIN A3	0,2973 m	0,4204 m	0,125000 m²
DIN A4	0,2102 m	0,2973 m	0,062500 m²
DIN A5	0,1487 m	0,2102 m	0,031250 m²
DIN A6	0,1051 m	0,1487 m	0,015625 m²
DIN A7	0,0743 m	0,1051 m	0,007812 m²

Für die Umschlagformate DIN-B0 und DIN-C0 gelten die gleichen Überlegungen, nur die Flächen sind anders definiert:

$$F_{\text{DIN-B0}} = \sqrt{2}\ \text{m}^2 \approx 1{,}4142\,\text{m}^2$$

$$F_{\text{DIN-C0}} = \sqrt{\sqrt{2}}\ \text{m}^2 \approx 1{,}1892\,\text{m}^2$$

Wenn man als Ausgangsblatt ein DIN-Blatt verwendet, kann man also eine Serie von immer kleiner werdenden DIN-Blättern bekommen, wenn man sie immer weiter in der Mitte durchschneidet.

Genormtes Schneiden

Es gibt jedoch noch eine zweite Möglichkeit, durch Abschneiden mit jeweils nur einem Schnitt eine Serie von immer kleiner werdenden und einander ähnlichen Blättern zu erzeugen, bei denen die Länge der kürzeren Seite eines Blattes gleich der Länge der längeren Seite des nächstkleineren Blattes ist. Allerdings darf man dann die Blätter nicht in der Mitte durchschneiden. Die neue Serie von Blättern entsteht vielmehr dadurch, dass man jeweils einen Goldenen Schnitt ausführt.

Das Teilungsverfahren des Goldenen Schnitts ist seit über 2000 Jahren bekannt. Es wurde schon von dem griechischen Mathematiker Euklid beschrieben. Allerdings stammt der Begriff «Goldener Schnitt» aus der Neuzeit. Er kam erst gegen Mitte des 19. Jahrhunderts auf. In dieser Zeit nahm auch die Begeisterung vieler Menschen für den Goldenen Schnitt ihren Anfang. Sie glaubten, ihn an allen möglichen Stellen entdecken zu können. Dabei würde es dem sehr interessanten Verfahren des Goldenen Schnitts mehr nützen, wenn man ihm mit kritischer Neugier begegnen würde.

Welche Bedingungen müssen erfüllt sein, damit ein rechteckiges Blatt die Proportionen des Goldenen Schnitts hat? Bei den eben erwähnten Goldenen Schnitten entstehen nämlich solche Goldenen Rechtecke. Bei ihnen ist das Verhältnis x der kürzeren Seite b zur längeren Seite a gleich dem Verhältnis der längeren Seite a zur Summe a + b aus kürzerer und längerer Seite:

$$x = \frac{b}{a} = \frac{a}{a + b}$$

Umgeformt:

$$\frac{b}{a} \cdot \frac{a + b}{a} = 1$$

Weiter umgeformt:

$$\frac{b}{a} \cdot \left(\frac{b}{a} + 1\right) = 1$$

Also gilt:

$$x \cdot (x + 1) = 1$$

Ausmultipliziert:

$$x^2 + x = 1$$

Die positive Lösung dieser quadratischen Gleichung ergibt das Seitenverhältnis der Blätter:

$$x = \frac{b}{a} = -\frac{1}{2} + \frac{\sqrt{5}}{2} = 1 : (\frac{1}{2} + \frac{\sqrt{5}}{2}) \approx 1 : 1,6180$$

Wie man aus den beiden folgenden Abbildungen erkennt, besitzt so ein Goldenes Rechteck ein deutlich anderes Seitenverhältnis als ein DIN-Rechteck:

Die Form des Ausgangsblattes ist hier weder ein DIN-Rechteck oder gar ein Goldenes Rechteck, sondern entweder ein Quadrat oder ein Rechteck mit einem Seitenverhältnis von

$$1 : (1 + \frac{1}{2} + \frac{\sqrt{5}}{2}) \approx 1 : 2{,}6180$$

Nimmt man als Ausgangsblatt ein Quadrat, entsteht nach Abschneiden eines Goldenen Rechtecks ein Blatt mit dem Seitenverhältnis 1:2,6180. Schneidet man von diesem Blatt wieder ein Goldenes Rechteck ab, bleibt wieder ein Quadrat übrig usw. Nimmt man dagegen als Ausgangsblatt ein Rechteck mit dem Seitenverhältnis 1:2,6180, ist es genau umgekehrt. Die Form der Blätter, von denen die Goldenen Rechtecke abgeschnitten werden, wechselt also immer.

Legt man jeweils die Fläche der beiden Ausgangsblätter – wie beim DIN-A0-Blatt – mit 1 Quadratmeter fest, so sind beim Quadrat natürlich beide Seiten jeweils 1 Meter lang, während beim zweiten Ausgangsblatt – einem Rechteck – für die beiden Seiten a und b gilt:

$$a = (\frac{1}{2} + \frac{\sqrt{5}}{2}) \, m \approx 1{,}6180 \, m$$

$$b = (-\frac{1}{2} + \frac{\sqrt{5}}{2}) \, m \approx 0{,}6180 \, m$$

Die folgende Tabelle enthält die beiden Ausgangsblätter und die daraus durch den Goldenen Schnitt entstehenden 6 größten Goldenen Rechtecke (G1 bis G6):

Bezeichnung	kürzere Seite	längere Seite	Fläche
Quadrat (Ausgangsblatt 1)	1,0000 m	1,0000 m	1,000000 m²
Rechteck (Ausgangsblatt 2)	0,6180 m	1,6180 m	1,000000 m²
G1	0,6180 m	1,0000 m	0,618034 m²
G2	0,3820 m	0,6180 m	0,236068 m²
G3	0,2361 m	0,3820 m	0,090170 m²
G4	0,1459 m	0,2361 m	0,034442 m²
G5	0,0902 m	0,1459 m	0,013156 m²
G6	0,0557 m	0,0902 m	0,005025 m²

Weitere Möglichkeiten, eine Serie von immer kleiner werdenden einander ähnlichen Blättern mit jeweils nur einem Schnitt zu erzeugen, die die genannten Bedingungen erfüllen, gibt es nicht.

Wenn allerdings die Blätter einer Serie durch mehr als einen Schnitt vom Ausgangsblatt abgetrennt werden dürfen, dann gibt es noch weitere Möglichkeiten. In einem Fall haben die Blätter der Serie ein Seitenverhältnis x von

$$1 : \sqrt{\frac{1}{2} + \frac{\sqrt{5}}{2}} \approx 1 : 1{,}2720$$

Das ist die positive Lösung der Gleichung

$$x^4 + x^2 = 1$$

Diese Lösung ist gleich der Wurzel aus dem Goldenen Schnitt. In der dargestellten Abbildung hat das Ausgangsblatt ebenfalls das Seitenverhältnis von 1:1,2720. Allerdings kann man auch ein rechteckiges Blatt mit einem Seitenverhältnis x von

$$1 : \sqrt{\frac{11}{2} + \frac{5}{2} \cdot \sqrt{5}} \approx 1{:}3{,}3302$$

als Ausgangsblatt verwenden.

Eine weitere Möglichkeit ergibt ein Seitenverhältnis x von 1:1,1307 für die Blätter der Serie. Das ist die positive Lösung der Gleichung

$$x^6 + x^4 + x^3 - x^2 = 1$$

Die folgende Abbildung zeigt eine solche Serie, wobei ein rechteckiges Ausgangsblatt immer ein Seitenverhältnis von 1:1,2784 hat. Das entspricht dem Quadrat der Seitenverhältnisse der abgeschnittenen Blätter.

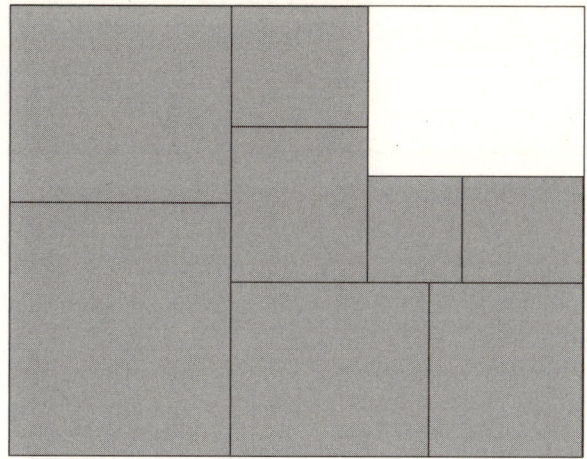

Die Überlegungen können wir auch auf den dreidimensionalen, also den räumlichen Fall übertragen. Denken Sie dabei zum Beispiel an einen Quader in Form eines Ziegelsteins. Gesucht wird ein Quader, von dem man mit jeweils einem Schnitt eine Serie von immer kleiner werdenden einander ähnlichen Quadern abschneiden kann, bei denen die kleinste Fläche gleich der größten Fläche des nächstkleineren Quaders ist. Dazu muss das Verhältnis der kürzesten zur mittleren Seite gleich dem Verhältnis der mittleren zur längsten Seite sein. Als einzige Lösung ergeben sich Quader, deren Seitenverhältnisse

$1 : \sqrt[3]{2} \approx 1 : 1{,}2599$ betragen.

Wie bei den DIN-Blättern erfolgt der Schnitt auch bei den Quadern immer durch die Mitte der längsten Seiten. Man könnte sie deshalb auch «DIN»-Quader nennen. Bemerkenswerterweise hat auch der Ausgangsquader die gleichen Seitenverhältnisse. Dagegen ist ein Goldener Quader, der sich dadurch auszeichnet, dass sowohl das Verhältnis von kürzester zu mittlerer als auch von mittlerer zu längster Seite dem Verhältnis des Goldenen Schnitts entspricht, keine Lösung

 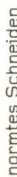

für den dreidimensionalen Fall. Ein Goldener Quader erfüllt die geforderten Bedingungen nicht.

Der Wanderer und die Himmelsrichtungen

Ein Wanderer läuft erst einen Kilometer nach Süden, dann einen Kilometer nach Osten und schließlich einen Kilometer nach Norden. Danach befindet er sich wieder am Ausgangspunkt.

Wo auf der Erde befindet sich dieser Ausgangspunkt?

Auflösung auf Seite 201

Wann ist rund wirklich rund?
Warum der Fußball meist aus Fünf- und Sechsecken besteht

Wenn Sie in eine Suchmaschine für Bilder das Wort «Fußball» eingeben, dann sehen Sie eine große Zahl von Bällen, die oft aus Leder bestehen und die aus 12 schwarzen regelmäßigen Fünfecken und 20 weißen regelmäßigen Sechsecken zusammengesetzt sind. Dieser Anblick ist Ihnen natürlich auch von Fußballspielen vertraut, und vermutlich haben Sie schon selbst mit so einem Ball gespielt. Vielleicht haben Sie sich den Ball dann näher angeschaut und festgestellt, dass diese 12 Fünfecke und 20 Sechsecke nicht zufällig angeordnet sind, sondern ein regelmäßiges Muster bilden. Jede Ecke, an der diese Vielecke zusammentreffen, sieht gleich aus.

Körper, die diese Eigenschaft haben und deren Oberfläche nur aus *einer* Sorte von regelmäßigen Vielecken besteht, nennt man platonische Körper. Archimedische Körper wie der Fußball haben stattdessen eine Oberfläche, die aus *mehr* als einer Sorte zusammengesetzt ist. Bei allen diesen Körpern liegen die Ecken auf einer Kugeloberfläche. Die entsprechende Kugel nennt man Umkugel. Die regelmäßige Anordnung der Vielecke und die Existenz einer Umkugel machen diese Körper zu attraktiven Kandidaten für die Herstellung eines Fußballs. Ein Fußball soll ja möglichst rund sein; also machen wir uns auf die Suche nach einem möglichst runden unter den insgesamt 5 platonischen und 13 archimedischen Körpern:

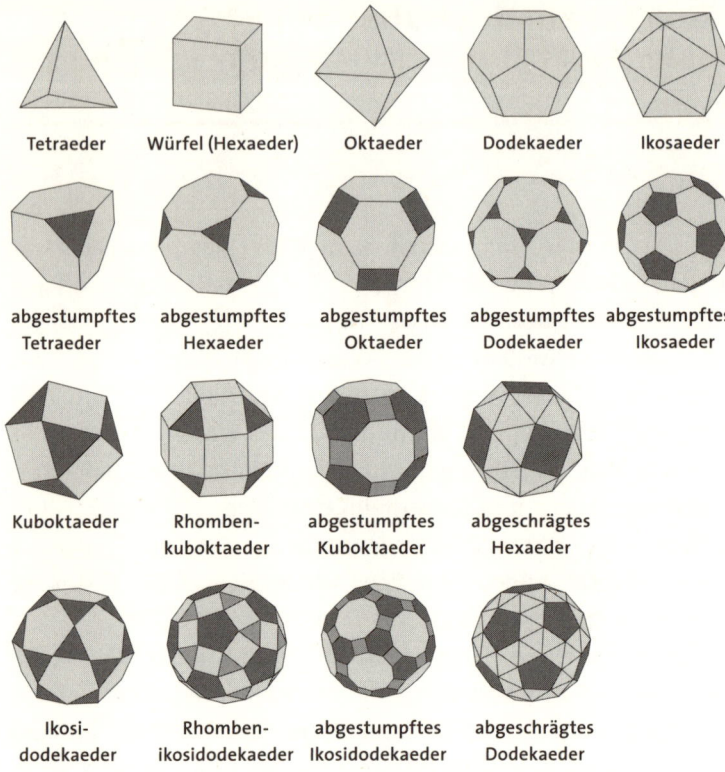

| Tetraeder | Würfel (Hexaeder) | Oktaeder | Dodekaeder | Ikosaeder |

| abgestumpftes Tetraeder | abgestumpftes Hexaeder | abgestumpftes Oktaeder | abgestumpftes Dodekaeder | abgestumpftes Ikosaeder |

| Kuboktaeder | Rhomben-kuboktaeder | abgestumpftes Kuboktaeder | abgeschrägtes Hexaeder |

| Ikosi-dodekaeder | Rhomben-ikosidodekaeder | abgestumpftes Ikosidodekaeder | abgeschrägtes Dodekaeder |

Wie erwähnt haben alle diese Körper eine Umkugel. Aber man kann sich gut vorstellen, auch mitten in diese Körper eine Kugel zu platzieren, die sie von innen berührt. Wir nennen diese Kugel der Einfachheit halber Inkugel, obwohl sie nur bei platonischen Körpern so heißt, denn nur hier berührt sie alle Flächen. Je runder ein Körper ist, desto geringer ist der Größenunterschied zwischen der Inkugel und der Umkugel. Deshalb sind die unter den 18 Körpern besonders geeignet, bei denen das *Verhältnis* von Inkugelradius zu Umkugelradius möglichst nahe bei 1 liegt. Die nach dieser Definition vier rundesten sind ausschließlich archimedische Körper, und zwar die folgenden:

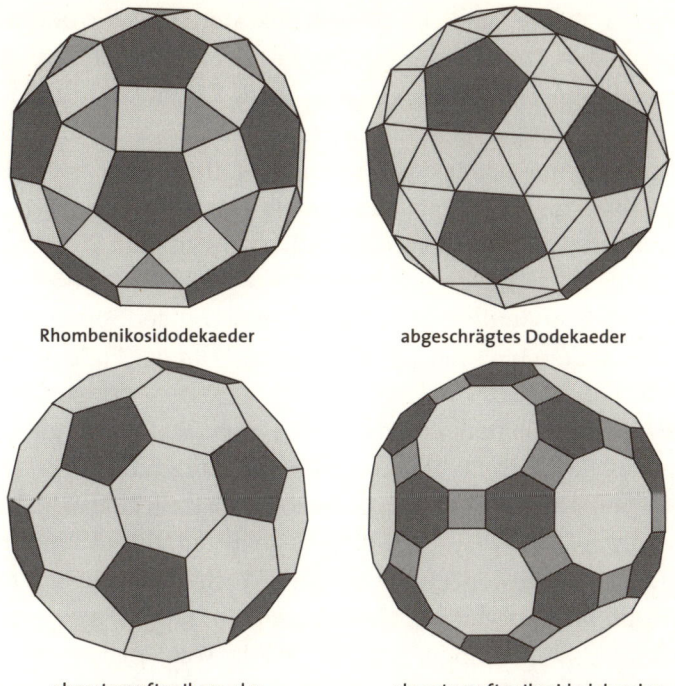

Rhombenikosidodekaeder

abgeschrägtes Dodekaeder

abgestumpftes Ikosaeder

abgestumpftes Ikosidodekaeder

Körper	Inkugel-radius/Um-kugelradius	Anzahl der Flächen pro Ecke	Anzahl der Flächen	Anzahl der Kanten
Rhombenikosi-dodekaeder	92,46 %	4	62	120
abgeschrägtes Dodekaeder	91,89 %	5	92	150
abgestumpftes Ikosaeder	91,50 %	3	32	90
abgestumpftes Ikosidodekaeder	90,49 %	3	62	180

Wann ist rund wirklich rund?

Nach der Tabelle sind das Rhombenikosidodekaeder und das abgeschrägte Dodekaeder runder als der Fußballkörper, der abgestumpftes Ikosaeder genannt wird. Warum nimmt man denn diese Körper nicht als Grundlage für einen Fußball? Sie sehen doch auch sehr ansprechend aus. Ihr Nachteil ist allerdings, dass zu ihrer Herstellung viele Flächen an einer Ecke zusammengenäht werden müssen. Daher wird man die Körper bevorzugen, bei denen nur drei Flächen an einer Ecke zusammenstoßen. Außerdem ist es vorteilhaft, wenn der Körper nicht zu viele Kanten hat, weil jede Kante einer Naht des Fußballs entspricht.

Schließlich sollten die durch die unterschiedlich großen regelmäßigen Vielecke hervorgerufenen Unterschiede in den Abweichungen von der Kugelform möglichst klein ausfallen. Das ist dann der Fall, wenn sich die regelmäßigen Vielecke in ihrer Größe möglichst wenig unterscheiden. Auch hier schneidet das abgestumpfte Ikosaeder am besten ab.

Unter diesen Bedingungen fällt uns die Wahl leicht, und wir entscheiden uns für das abgestumpfte Ikosaeder mit seinen 12 regelmäßigen Fünfecken und 20 regelmäßigen Sechsecken.

Tatsächlich haben deshalb auch fast alle Fußbälle diese Grundform. Selten findet man auch einen Fußball in Form eines Rhombenikosidodekaeders mit seinen 20 gleichseitigen Dreiecken, 30 Quadraten und 12 regelmäßigen Fünfecken.

Vielleicht sind Sie auch schon dem sogenannten «Großen Fußball» (siehe folgende Abbildung) begegnet und Sie fragen sich, warum er nicht in die engere Wahl kommt. Dieser Körper hat 12 Fünfecke und nicht 20, sondern 30 Sechsecke, also insgesamt 42 Flächen. Die Anzahl der Kanten beträgt 120. Man erhält diesen Körper, wenn man die Kanten eines Dodekaeders geeignet abschneidet.

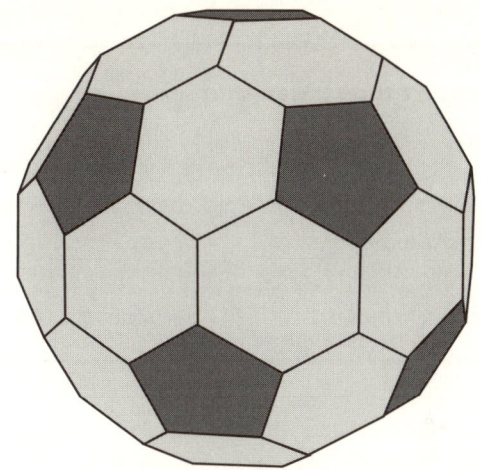

«Großer Fußball»

Allerdings ist dies kein archimedischer Körper, weil seine 30 Sechsecke nicht regelmäßig sind. Wären sie regelmäßig, müssten jeweils drei Sechsecke, die an einer Ecke zusammenstoßen, eine ebene Fläche bilden, weil die Summe ihrer Innenwinkel dann 360 Grad beträgt. In diesem Fall müssten sogar alle Sechsecke des «Großen Fußballs» auf einer Ebene liegen. Tatsächlich sind jedoch ihre Innenwinkel an der Ecke, wo drei Sechsecke zusammenstoßen, nicht

$$\frac{360°}{3} = 120°, \text{ sondern } 2 \cdot \arctan(\frac{1}{2} + \frac{\sqrt{5}}{2}) \approx 116,6°.$$

Die vier übrigen Innenwinkel der Sechsecke sind gleich und betragen 121,7 Grad. Im Gegensatz zu einem archimedischen Körper hat der «Große Fußball» also keine Umkugel.

Wann ist rund wirklich rund?

Ein Schnitt durch den Würfel

Welche regelmäßigen Vielecke können als Schnittfläche entstehen, wenn man einen Würfel einmal
durchschneidet?

Auflösung auf Seite 204

Die Qual der Wahl
Warum verschiedene Verfahren zu unterschiedlichen Gewinnern führen können

Haben Sie in Ihrem Leben schon einmal einer Gruppe, Clique oder Band angehört? So eine Gruppe hat meistens einen Anführer oder eine Anführerin. Wenn sich das nicht von selbst ergeben hat, dann hat die Gruppe die Führungsposition vielleicht per Wahl vergeben. Aber wie wurde gewählt? Sie werden zu Recht sagen, dass das Verfahren doch einfach ist, wenn man sich zwischen nur zwei Kandidaten entscheiden muss. Wer die meisten Stimmen bekommen hat, ist der Sieger. Vielleicht denken Sie, dass es auch dann nur ein sinnvolles Wahlverfahren gibt, wenn mehr als zwei Kandidaten zur Wahl stehen. Aber schon bei drei Kandidaten ist das nicht mehr der Fall. Dann gibt es kein eindeutiges Verfahren mehr, den Sieger zu bestimmen.

Um dieses Dilemma zu verdeutlichen, habe ich auf 5 fiktive Wahlergebnisse 5 verschiedene sinnvolle Wahlverfahren angewendet. Die Wahlergebnisse sind so ausgesucht, dass beim ersten Verfahren, der Mehrheitswahl, immer derselbe Kandidat gewinnt. Dadurch wird im Vergleich zu den übrigen 4 Verfahren deutlich sichtbar, dass es auch verschiedene Sieger geben kann.

Um diese Verfahren einfacher vergleichen zu können, habe ich jede der 5 Wahlen auf einen einzigen Wahlgang reduziert. Das geht auch dann, wenn das Verfahren eine Stichwahl vorsieht. Allerdings müssen dann die Wähler nicht nur ihren Favoriten ankreuzen, sondern auch ihre «2. Wahl». Wenn dann ihr Favorit im ersten Durchgang durchfällt, können wir davon ausgehen, dass sich die entsprechenden Wähler in der möglichen Stichwahl für ihre «2. Wahl» entscheiden. Durch diesen Trick können wir alle Wahlverfahren in unserem Beispiel sinnvoll miteinander vergleichen.

Bezeichnen wir die drei Kandidaten mit A, B und C. Zur Veranschaulichung denken Sie einfach an eine fiktive zukünftige Direktwahl eines Präsidenten der Europäischen Union. Und die drei Kandidaten Angela Merkel (A), François Hollande (B) und Matteo Renzi (C) haben sich um das Amt beworben. Jeder Wähler muss nun seinen Favoriten (1. Wahl) und seinen zweitliebsten Kandidaten (2. Wahl) bestimmen, sich also für AB, AC, BA, BC, CA oder CB entscheiden. Dabei bezeichnet jeweils der erste Buchstabe den Favoriten. AB: 24% bedeutet, dass sich 24% der Wähler für Kandidat A als Favoriten und gleichzeitig für Kandidat B als «2. Wahl» entschieden haben. Um Ihnen die Auswirkungen der verschiedenen Wahlverfahren zu veranschaulichen, nehme ich die folgenden Wahlausgänge an:

1. Tabelle

Wahl 1	Wahl 2	Wahl 3	Wahl 4	Wahl 5
AB: 24%	AB: 0%	AB: 20%	AB: 60%	AB: 38%
AC: 12%	AC: 40%	AC: 20%	AC: 0%	AC: 22%
BA: 4%	BA: 0%	BA: 9%	BA: 0%	BA: 0%
BC: 30%	BC: 32%	BC: 22%	BC: 36%	BC: 36%
CA: 15%	CA: 0%	CA: 12%	CA: 0%	CA: 0%
CB: 15%	CB: 28%	CB: 17%	CB: 4%	CB: 4%

Das erste Wahlverfahren ist sehr einfach zu verstehen. Es gewinnt der Kandidat, auf den die meisten Favoritenstimmen entfallen. Dieses Verfahren nennt sich Mehrheitswahl und wird bei der Wahl der Senatoren in den Bundesstaaten der USA angewendet. Um zu berechnen, wie viel Prozent der Stimmen zum Beispiel bei Wahl 1 auf Kandidat A entfallen, muss man oben nur die Prozentwerte addieren, bei denen A als Favorit gewählt wurde, also die Prozentwerte von AB und AC:

2. Tabelle

Wahl 1	Wahl 2	Wahl 3	Wahl 4	Wahl 5
A: 36 %	A: 40 %	A: 40 %	A: 60 %	A: 60 %
B: 34 %	B: 32 %	B: 31 %	B: 36 %	B: 36 %
C: 30 %	C: 28 %	C: 29 %	C: 4 %	C: 4 %
A gewinnt.	A gewinnt.	A gewinnt.	A gewinnt.	A gewinnt.

Wie erwähnt gewinnt hier bei allen Wahlen der Kandidat A.

Auch das zweite Verfahren ist verbreitet. Hier werden zunächst die beiden Kandidaten bestimmt, die die meisten und zweitmeisten Favoritenstimmen bekommen haben. Sie kommen in die Stichwahl, sofern nicht einer dieser beiden Kandidaten schon im ersten Wahlgang die absolute Mehrheit der Favoritenstimmen auf sich vereinigt hat. In der Stichwahl gewinnt dann natürlich der Kandidat, der dort die meisten Stimmen erhält. Dieses Verfahren wird bei der Wahl des französischen Präsidenten praktiziert.

3. Tabelle

Wahl 1	Wahl 2	Wahl 3	Wahl 4	Wahl 5
A: 36%	A: 40%	A: 40%	A: 60%	A: 60%
B: 34%	B: 32%	B: 31%	B: 36%	B: 36%
C: 30%	C: 28%	C: 29%	C: 4%	C: 4%
Stichwahl	Stichwahl	Stichwahl		
A gegen B	A gegen B	A gegen B		
A: 51%	A: 40%	A: 52%		
B: 49%	B: 60%	B: 48%		
A gewinnt.	B gewinnt.	A gewinnt.	A gewinnt.	A gewinnt.

Um die Ergebnisse für die Stichwahl zu erhalten, muss man zum Beispiel für Kandidat A bei Wahl 1 nicht nur die Prozentwerte von AB und AC, sondern auch von CA addieren, weil der Kandidat C ja schon ausgeschieden ist.

Das dritte Verfahren wird nach dem Erfinder «Methode von Borda» genannt. Hier gibt es für jede Favoritenstimme zwei Punkte und für jede «2. Wahl» einen Punkt. Der Kandidat, der die meisten Punkte bekommt, gewinnt. Dieses Verfahren ist identisch mit dem Verfahren, bei dem jener Kandidat gewinnt, der in den beiden möglichen Stichwahlen gegen die anderen Kandidaten insgesamt die meisten Stimmen bekäme.

4. Tabelle

Wahl 1	Wahl 2	Wahl 3	Wahl 4	Wahl 5
A: 91 P.	A: 80 P.	A: 101 P.	A: 120 P.	A: 120 P.
B: 107 P.	B: 92 P.	B: 99 P.	B: 136 P.	B: 114 P.
C: 102 P.	C: 128 P.	C: 100 P.	C: 44 P.	C: 66 P.
B gewinnt.	C gewinnt.	A gewinnt.	B gewinnt.	A gewinnt.

Der Einfachheit halber wurde hier angenommen, dass einem Prozent der Favoritenstimmen 2 Punkte und einem Prozent der Stimmen für die «2. Wahl» 1 Punkt entsprechen.

Es gibt noch weitere interessante Wahlverfahren. Man kann nämlich das sinnvolle Ziel verfolgen, den Kandidaten gewinnen zu lassen, der am wenigsten auf Ablehnung stößt, der also am wenigsten polarisiert. Die einfachste Möglichkeit ist, den Kandidaten gewinnen zu lassen, der am seltensten «3. Wahl» ist. Das ist gleichbedeutend mit der Aussage, dass der Kandidat gewinnt, der am häufigsten «1. Wahl» oder «2. Wahl» ist.

5. Tabelle

Wahl 1	Wahl 2	Wahl 3	Wahl 4	Wahl 5
A: 45 %	A: 60 %	A: 39 %	A: 40 %	A: 40 %
B: 27 %	B: 40 %	B: 32 %	B: 0 %	B: 22 %
C: 28 %	C: 0 %	C: 29 %	C: 60 %	C: 38 %
B gewinnt.	C gewinnt.	C gewinnt.	B gewinnt.	B gewinnt.

Beispielsweise muss man dann für Kandidat A die Prozentwerte von BC und CB zusammenzählen.

In einer abgeschwächten Variante des eben erwähnten Wahlverfahrens kommen die beiden Kandidaten in eine Stichwahl, die am seltensten «3. Wahl» sind. Es gewinnt dann der von diesen beiden Kandidaten, der dort die meisten Stimmen erhält.

6. Tabelle

Wahl 1	Wahl 2	Wahl 3	Wahl 4	Wahl 5
A: 45 %	A: 60 %	A: 39 %	A: 40 %	A: 40 %
B: 27 %	B: 40 %	B: 32 %	B: 0 %	B: 22 %
C: 28 %	C: 0 %	C: 29 %	C: 60 %	C: 38 %
Stichwahl	Stichwahl	Stichwahl	Stichwahl	Stichwahl
B gegen C	B gegen C	B gegen C	A gegen B	B gegen C
B: 58 %	B: 32 %	B: 51 %	A: 60 %	B: 74 %
C: 42 %	C: 68 %	C: 49 %	B: 40 %	C: 26 %
B gewinnt.	C gewinnt.	B gewinnt.	A gewinnt.	B gewinnt.

Es gibt noch weitere sinnvolle Verfahren, bei denen zum Teil sogar zwei Stichwahlen vorgesehen sind. Aber Sie haben gewiss auch jetzt schon einen guten Eindruck davon bekommen, wie sehr das Ergebnis einer Wahl vom Verfahren abhängt. Keine der fünf fiktiven Wahlen hätte bei jedem Wahlverfahren immer derselbe Kandidat gewonnen. Bei Wahl 2 und Wahl 3 kann je nach Verfahren sogar jeder Kandidat Präsident werden.

Diese fünf Beispiele sind keineswegs extreme Einzelfälle, die nur einen verschwindenden Bruchteil aller möglichen Wahlausgänge ausmachen. Dann wäre das Ergebnis ja nur unwesentlich vom verwendeten Verfahren abhängig, aber das ist leider nicht der Fall. In wie viel Prozent aller möglichen Wahlergebnisse gewinnt nun derselbe Kandidat, wenn man zwei Wahlverfahren miteinander vergleicht? Für eine hinreichend große Anzahl von Wählern kann man diese Frage durchaus beantworten. Je größer die Anzahl der Wähler ist, desto stärker nähert sich nämlich die Prozentzahl einem bestimmten Wert. Wenn man für diesen Fall alle möglichen Wahlergebnisse von jeweils zwei Wahlverfahren miteinander vergleicht, erhält man die folgenden Prozentwerte für die Übereinstimmung:

- Verfahren der meisten Erststimmen und Stichwahl zwischen den beiden mit den meisten Erststimmen: 87,7 %
- Verfahren der meisten Erststimmen und Methode von Borda: 82,4 %
- Verfahren der meisten Erststimmen und der wenigsten Dritt-stimmen: 52,3 %
- Verfahren der meisten Erststimmen und Stichwahl zwischen den beiden mit den wenigsten Drittstimmen: 82,6 %
- Stichwahl zwischen den beiden mit den meisten Erststimmen und Methode von Borda: 84,8 %
- Stichwahl zwischen den beiden mit den meisten Erststimmen und Verfahren der wenigsten Drittstimmen: 56,7 %
- Stichwahl zwischen den beiden mit den meisten Erststimmen und Stichwahl zwischen den beiden mit den wenigsten Dritt-stimmen: 89,5 %
- Methode von Borda und Verfahren der wenigsten Drittstim-men: 68,7 %
- Methode von Borda und Stichwahl zwischen den beiden mit den wenigsten Drittstimmen: 88,1 %
- Verfahren der wenigsten Drittstimmen und Stichwahl zwi-schen den beiden mit den wenigsten Drittstimmen: 63,9 %

Die Übereinstimmung zwischen jeweils zwei dieser Wahlverfah-ren liegt damit nur bei mindestens 52,3 % und höchstens 89,5 %. Das Verfahren ist also oft entscheidend für das Ergebnis. Das ist nicht nur erstaunlich, sondern auch ein Problem für die Demo-kratie. Und was noch schlimmer ist: Dieses Problem lässt sich grundsätzlich nicht lösen.

Das Ergebnis ist 24

In einer Rechenaufgabe sollen nur die Zahlen 1, 3, 4 und 6 vorkommen, und zwar auch jeweils nur genau einmal. Zum Verknüpfen der Zahlen sind nur die 4 Grundrechenarten erlaubt. Es dürfen beliebig viele Klammern verwendet werden. Das Ergebnis soll 24 betragen.

Wie lautet die Aufgabe?

Beispiele:

$3 \cdot 6 + 4 - 1 = 21$

$\dfrac{3}{\frac{1}{6}} + 4 = 22$

$3 + 4 \cdot (6 - 1) = 23$

$(6 + 1) \cdot 4 - 3 = 25$

$4 \cdot 6 + 3 - 1 = 26$

$(6 + 4 - 1) \cdot 3 = 27$

Auflösung auf Seite 207

Wer bekommt den letzten Sitz?
Warum verschiedene Wahlverfahren zu unterschiedlichen Mandatsverteilungen führen können

Im vorigen Kapitel mussten Sie erfahren, dass es schon bei einer Wahl unter drei Kandidaten nicht mehr eindeutig möglich ist, einen Sieger zu bestimmen. Vielmehr bestimmt oft das Wahlverfahren entscheidend mit, wer gewinnt.

Nun wählen wir in Deutschland den Bundeskanzler nicht direkt, sondern er wird von den Mitgliedern der Parteien gewählt, die im Bundestag vertreten sind. Wir wählen dagegen im Wesentlichen Parteien. Und dabei kommt es auf die Anzahl der Sitze im Parlament an, die eine Partei aufgrund der Wählerstimmen bekommt. Sie ahnen vielleicht schon, dass auch hier die Berechnung der Sitzverteilung im Parlament alles andere als unumstritten ist, selbst wenn nur drei Parteien zur Wahl stehen.

Dabei scheint auf den ersten Blick alles eindeutig zu sein. Angenommen, im Parlament gäbe es s Sitze und die Wähler hätten w gültige Stimmen abgegeben. Ist nun p_1 die Anzahl der Stimmen für die Partei P_1 und bezeichnen wir die ihr dadurch eigentlich zustehende Anzahl von Sitzen oder Mandaten mit q_1, so errechnet sich diese sogenannte Sitzquote folgendermaßen:

$$q_1 = \frac{p_1}{w} \cdot s$$

Hätte das Parlament beispielsweise 11 Sitze und hätten von 100 000 Wählern 51 000 Wähler die Partei P_1, 34 000 Wähler die Partei P_2 und 15 000 Wähler die Partei P_3 gewählt; wären also

$$p_1 = 51\,000$$

$p_2 = 34\,000$

$p_3 = 15\,000$ und

$w = p_1 + p_2 + p_3 = 100\,000,$

so bekämen die Parteien folgende Sitzquoten:

Partei	Sitzquote
P_1	5,61
P_2	3,74
P_3	1,65

Man kann jeder Partei aber nur ganze Sitze zuweisen und nicht die gebrochene Anzahl, die sich aus der Rechnung ergibt. Sie ahnen, dass dadurch das schon angedeutete Problem entsteht. Aber warum teilt man den drei Parteien nicht einfach zunächst ihren ganzzahligen Anteil an Mandaten zu, also 5, 3 und 1, um dann die übrig gebliebenen Mandate – in diesem Fall 2 – den Parteien zu geben, deren Sitzquote sich am weitesten oberhalb des ganzzahligen Anteils befindet?

Im Beispiel würden die Parteien P_2 und P_3 jeweils noch ein weiteres Mandat bekommen, weil bei ihnen die Abstände mit 0,74 und 0,65 am größten sind. Dieses Verfahren gibt es tatsächlich. Es heißt Hare-Niemeyer-Verfahren oder Verfahren der größten Reste und wurde zum Beispiel von 1987 bis 2005 für die Berechnung der Sitzverteilung des Deutschen Bundestages angewendet.

Aber ist es eindeutig das einzig sinnvolle Verfahren für eine Parlamentswahl? Um diese Frage zu beantworten, betrachten wir zunächst die folgenden sinnvollen Eigenschaften, die ein Wahlverfahren haben sollte:

1. Es sollte die sogenannte Quotenbedingung erfüllen. Die Anzahl der den Parteien zugewiesenen Sitze sollte also entweder gleich der abgerundeten oder gleich der aufgerundeten Sitzquote sein. Im Beispiel müsste Partei P_1 also 5 oder 6, P_2 müsste 3 oder 4 und P_3 müsste 1 oder 2 Mandate bekommen. Das Hare-Niemeyer-Verfahren erfüllt diese Bedingung immer, weil jeder Partei zunächst ihr ganzzahliger Anteil an Mandaten zugewiesen wird, was der abgerundeten Sitzquote entspricht. Anschließend bekommt jede Partei eventuell ein weiteres Mandat zugeteilt.

2. Eine weitere wichtige Eigenschaft ist die Mehrheitsbedingung. Sie besagt, dass eine Partei, die die absolute Mehrheit der Stimmen bekommen hat, immer auch die absolute Mehrheit der Sitze bekommen sollte. Wie das erwähnte Beispiel zeigt, versagt hier das Hare-Niemeyer-Verfahren. Obwohl die Partei P_1 51 % der Stimmen auf sich vereinigt, erhält sie nur 5 von 11 Sitzen.

3. Weiterhin sollte man von einem geeigneten Mandatszuweisungsverfahren erwarten, dass keine Partei Sitze verliert, wenn das Parlament um einen Sitz vergrößert wird. Diese Eigenschaft nennt man Hausmonotonie. Auch diese Bedingung erfüllt das Hare-Niemeyer-Verfahren nicht immer, wie das folgende Beispiel zeigt:

Partei	Stimmen	Sitzquote für ingesamt 11 Sitze	Sitze	Sitzquote für insgesamt 12 Sitze	Sitze
P_1	48000	5,28	5	5,76	6
P_2	39000	4,29	4	4,68	5
P_3	13000	1,43	2	1,56	1

Eine Vergrößerung des Parlaments von 11 auf 12 Sitze führt hier dazu, dass die Zahl der Mandate für die Partei P_3 von 2 auf 1 sinkt.

4. Dann sollte die mindestens benötigte Anzahl von Stimmen pro Mandat möglichst groß sein. Dieses Kriterium folgt dem Grundsatz «ein Wähler, eine Stimme» und nennt sich Minimax-Bedingung.
5. Schließlich sollte ein geeignetes Berechnungsverfahren für die Mandate das Kriterium erfüllen, dass keine Partei Sitze verlieren darf, wenn sich ihr Stimmenanteil erhöht, und umgekehrt. Dieses Kriterium nennt sich Stimmenmonotonie.

Wie schon beschrieben, erfüllt das Hare-Niemeyer-Verfahren die Quotenbedingung immer. Aber für alle übrigen vier Bedingungen kann man Beispiele finden, bei denen das Hare-Niemeyer-Verfahren versagt. Deshalb verwendet man oft das Mandatszuteilungsverfahren nach d'Hondt. Es wird auch Verfahren der größten Quotienten genannt. Hierbei teilt man zunächst die Anzahl der Stimmen für die einzelnen Parteien nacheinander durch 1, 2, 3, …, s, wobei s die Anzahl der Sitze des Parlaments ist:

Teiler	Quotient für P_1	Quotient für P_2	Quotient für P_3
1	51 000	34 000	15 000
2	25 500	17 000	7500
3	17 000	11 333	5000
4	12 750	8500	3750
5	10 200	6800	3000
6	8500	5667	2500
7	7286	4857	2143
8	6375	4250	1875
9	5667	3778	1667
10	5100	3400	1500
11	4636	3091	1364

Dann werden die 11 größten Quotienten bestimmt und den entsprechenden Parteien als jeweils ein Sitz zugeteilt. P_1 bekommt bei diesem Verfahren also 6 Sitze, P_2 bekommt 4 Sitze und P_3 bekommt 1 Sitz. Die Mehrheitsbedingung ist somit erfüllt. Man kann zeigen, dass bis auf die Quotenbedingung alle anderen erwähnten Bedingungen auch erfüllt sind. Es kann jedoch vorkommen, dass eine Partei mehr Sitze erhält, als der aufgerundeten Sitzquote entspricht. Hier liegt der Schwachpunkt.

Es gibt noch weitere Verfahren, die im Gebrauch sind. Aber es gibt kein Verfahren, das alle Bedingungen erfüllt, die man von einem guten System verlangen würde.

Der Sultan und seine 6 Söhne

Ein Sultan hatte 6 Söhne. Außerdem besaß er einen Palast mit vielen Kellergewölben. In jedem Kellergewölbe befanden sich genauso viele Schatztruhen, wie im Palast Kellergewölbe vorhanden waren. Und schließlich enthielt jede Schatztruhe genauso viele Goldmünzen, wie Schatztruhen in einem Kellergewölbe standen. Der Sultan rief nun seinen Schatzkämmerer zu sich und versprach ihm eine Schatztruhe mit Goldmünzen als Belohnung, wenn es ihm gelänge, den übrigen Schatz so an seine 6 Söhne zu verteilen, dass jeder Sohn genau dieselbe Anzahl von Goldmünzen bekomme. Ansonsten würde er sein Leben verlieren.

Konnte der Schatzkämmerer den Schatz gleichmäßig verteilen und damit sein Leben retten?

Auflösung auf Seite 210

III. Wahrscheinlichkeiten im Alltag

Viele Menschen haben Schwierigkeiten, Wahrscheinlichkeiten richtig zu berechnen oder wenigstens ungefähr abzuschätzen. Und oft ist das tatsächlich auch kaum möglich. Selbst wenn die Wahrscheinlichkeiten bekannt sind, tun sich viele schwer, die richtigen Schlüsse daraus zu ziehen. Wenn Sie zum Beispiel 10 Euro bei einer Bank anlegen und 2 % Zinsen bekommen, dann wissen Sie, dass Sie nach einem Jahr 10,20 Euro zurückbekommen können. Und es dürfte einigermaßen leicht sein zu überlegen, ob das für Sie sinnvoll ist. Wenn Sie stattdessen 10 Euro zu einer Lottoannahmestelle bringen, dann erhalten Sie nur mit einer gewissen Wahrscheinlichkeit bestimmte Gewinne. Mit der größten Wahrscheinlichkeit allerdings bekommen Sie gar nichts wieder. Trotzdem fällt es viel schwerer zu entscheiden, ob sich das für Sie überhaupt lohnen kann.

Aber was genau ist überhaupt eine Wahrscheinlichkeit? Nehmen wir zur Erläuterung den allseits bekannten Würfel mit seinen 6 gleichen Flächen, die von 1 bis 6 durchnummeriert sind. Es gibt hier beim Würfeln 6 mögliche Ereignisse, nämlich die Augenzahlen von 1 bis 6. Weil die Flächen des Würfels gleich sind, erwarten wir, dass im Mittel jede Augenzahl gleich häufig erscheint. Wie groß ist nun die Wahrscheinlichkeit, mit einem Wurf eine 5 oder eine 6 zu würfeln? Diese beiden Fälle nennen wir günstige Ereignisse. Die Wahrscheinlichkeit ergibt sich dann einfach dadurch, dass wir die Anzahl der günstigen Ereignisse durch die Anzahl der möglichen Ereignisse dividieren. Also ist die gesuchte Wahrscheinlichkeit $\frac{2}{6} = \frac{1}{3}$. Dabei entspricht $\frac{1}{3}$ ungefähr 33% oder der Dezimalzahl 0,33.

Diese einfache Regel liegt allen folgenden Beispielen zugrunde. Wichtig ist, wie gesagt, dass alle Ereignisse im Mittel gleich häufig vorkommen, dass sie also gleich wahrscheinlich sind. Statt eines Würfels hätten wir auch zum Beispiel einen Behälter mit 6 durchnummerierten Kugeln nehmen können, die wir zufällig ziehen. Allerdings – und das ist hier wichtig – müssten wir die gezogenen Kugeln dann jeweils wieder in den Behälter zurücklegen, weil ja auch die gewürfelte Augenzahl nicht verschwindet, sondern beim nächsten Wurf wieder zur Verfügung steht. Man spricht deshalb hier auch von einer Ziehung mit Zurücklegen. Das ist anders als bei der Ziehung der Lottozahlen. Hier werden die gezogenen Kugeln nicht wieder zurückgelegt. Lottozahlen können also im Gegensatz zu den Augenzahlen beim Würfel nicht mehrfach auftauchen.

Mit Hilfe des Lottospiels und des Würfelspiels Kniffel möchte ich Sie mit der Berechnung von Wahrscheinlichkeiten vertraut machen.

Ein Sechser im Lotto ...
Gewinnchancen bei 6 aus 49

Lotto spielt im Alltag vieler Menschen eine Rolle. Da es hier um viel Geld geht, das man gewinnen, aber auch um beträchtliche Summen, die man mit noch größerer Wahrscheinlichkeit verlieren kann, darf die Mathematik des Lottospiels in diesem Buch nicht fehlen.

Lotto 6 aus 49 gibt es in Deutschland seit 1955. Ein Jahr später wurde die Zusatzzahl eingeführt. Sie wurde nach den 6 regulären Lottozahlen aus den übrig gebliebenen 43 Lottozahlen gezogen. Seit 2013 gibt es diese Zusatzzahl nicht mehr. Sie wurde durch die 2005 eingeführte Superzahl zunächst ergänzt und 8 Jahre später dann von ihr abgelöst. Die Superzahl wird nicht aus den 49 Lottozahlen, sondern aus 10 zusätzlichen Kugeln mit den Ziffern von 0 bis 9 nach dem Zufallsprinzip ausgewählt. Deshalb beziehen sich alle folgenden Überlegungen auf die seit 2013 geltende Lottovariante.

Wie groß ist nun beim Lotto 6 aus 49 die Wahrscheinlichkeit für 6 Richtige und wie berechnet man sie? Die Herleitung ist viel leichter, als Sie vielleicht denken. Fangen wir mit der Frage an, wie viele verschiedene Möglichkeiten es gibt, 6 aus 49 Lottokugeln zu ziehen. Da sich zu Anfang noch alle Kugeln in der Trommel befinden, gibt es für die Ziehung der ersten Lottozahl 49 Möglichkeiten. Für die Ziehung der zweiten Lottozahl sind es wegen der inzwischen fehlenden Kugel nur noch 48, für die dritte Lottozahl 47 und für die sechste und letzte nur noch 44 Möglichkeiten. Die Gesamtzahl V der Möglichkeiten für die Ziehung von 6 Lottozahlen ergibt sich aus dem Produkt der Zahl der Möglichkeiten für die einzelnen Lottozahlen:

$$V = 49 \cdot 48 \cdot 47 \cdot 46 \cdot 45 \cdot 44 = 10\,068\,347\,520$$

Dieser Wert von etwas mehr als 10 Milliarden bezeichnet die Zahl der Variationen ohne Wiederholung für die Ziehung von 6 aus 49 Zahlen. Der Zusatz «ohne Wiederholung» drückt aus, dass sich keine der 6 Zahlen wiederholen kann. Eine Lottokugel wird ja nach ihrer Ziehung nicht wieder in die Trommel zurückgelegt. Diese Berechnung kann man auch mit einer kürzeren Formel ausdrücken. Dafür benutzen wir die folgende Umformung:

$$V = 49 \cdot 48 \cdot 47 \cdot 46 \cdot 45 \cdot 44 = 44 \cdot 45 \cdot 46 \cdot 47 \cdot 48 \cdot 49$$

$$= \frac{1 \cdot 2 \cdot 3 \cdot \ldots \cdot 48 \cdot 49}{1 \cdot 2 \cdot 3 \cdot \ldots \cdot 42 \cdot 43} = \frac{49!}{43!}$$

Die Ausrufezeichen hinter 49 und 43 spricht man «Fakultät». 49! und 43! sind also Kurzschreibweisen für die Produkte aller ganzen Zahlen von 1 bis 49 bzw. von 1 bis 43. Man erkennt, dass durch das Kürzen der Faktoren von 1 bis 43 im Zähler und Nenner des Bruches wieder der ursprüngliche Ausdruck entsteht. Geht es um eine beliebige Zahl von n Kugeln, von denen k Kugeln gezogen werden, dann ist die Anzahl V der Variationen ohne Wiederholung gleich

$$V = \frac{n!}{(n-k)!}$$

Bei der eben angestellten Rechnung wird ja die Reihenfolge der gezogenen Lottozahlen mit berücksichtigt. Wenn also zweimal die gleichen 6 Lottozahlen gezogen würden, nur in einer anderer Reihenfolge, so wären das zwei verschiedene Variationen. Beim Lotto spielt allerdings die Reihenfolge der gezogenen Zahlen keine Rolle. Deshalb müssen wir noch die Anzahl der verschiedenen Reihenfolgen von 6 bestimmten Lottozahlen ermitteln und die Anzahl der Variationen dadurch dividieren. Die Anzahl dieser Reihenfolgen nennt man Permutationen ohne Wiederholung, weil sich bei einer Lottoziehung die Zahlen ja nicht wiederholen können. Zur Berechnung der Permutationen machen wir uns klar, dass für die erste Zahl in der Ziehungsreihenfolge noch alle 6 Lottozahlen zur Verfügung stehen, für die zweite nur noch 5 und für den letzten Platz nur noch eine. Die Anzahl P der Permutationen von 6 bestimmten Lottozahlen erhält man, indem man die Anzahl der einzelnen Möglichkeiten miteinander multipliziert:

$$P = 6 \cdot 5 \cdot 4 \cdot 3 \cdot 2 \cdot 1 = 6! = 720$$

Allgemein für k Lottozahlen lautet dann die Formel:

$$P = k!$$

Wenn man die Zahl der Variationen durch die Zahl der Permutationen teilt, erhält man die gesuchte Anzahl K von verschiedenen Möglichkeiten für 6 Lottozahlen, bei denen die Reihenfolge keine Rolle mehr spielt:

$$K = \frac{10\,068\,347\,520}{720} = 13\,983\,816$$

Diese Anzahl nennt man Kombinationen ohne Wiederholung. Die allgemeine Formel lautet demnach:

$$K = \frac{n!}{k! \cdot (n-k)!} = \binom{n}{k}$$

Der Ausdruck auf der rechten Seite ist die mathematische Kurzschreibweise für den davor stehenden Bruch. Er heißt Binomialkoeffizient und wird «n über k» gesprochen. Ein Binomialkoeffizient gibt also an, wie viele Möglichkeiten man hat, aus n unterschiedlichen Objekten ohne Beachtung der Reihenfolge k Objekte auszuwählen.

Jede mögliche Kombination von 6 Lottozahlen wird bei jeder Ziehung mit exakt derselben Wahrscheinlichkeit gezogen. Warum das so ist und warum nicht etwa bisher seltener gezogene Lottozahlen ihren Rückstand wieder dadurch aufholen, dass sie in Zukunft häufiger gezogen werden, erläutere ich im nächsten Kapitel. Weil jede der 13 983 816 Lottokombinationen immer gleich wahrscheinlich ist, beträgt die Wahrscheinlichkeit für 6 Richtige immer

1:13 983 816

Diese Wahrscheinlichkeit gilt dann, wenn man nicht berücksichtigt, ob auch die Superzahl richtig war. Weil es zusätzlich für die Superzahl 10 verschiedene Möglichkeiten gibt, ist die Wahrscheinlichkeit für 6 Richtige mit Superzahl leider zehnmal kleiner und beträgt nur noch

1:139 838 160

Um schließlich die Wahrscheinlichkeit für 6 Richtige ohne richtige Superzahl zu berechnen, müssen Sie die zweite Wahrscheinlichkeit von der ersten abziehen:

1:13 983 816 − 1:139 838 160

Statt der Doppelpunkte können wir in der Rechnung auch Bruchstriche schreiben, weil ja zum Beispiel eine Wahrscheinlichkeit von 1:3 und eine Wahrscheinlichkeit von $\frac{1}{3}$ dasselbe sind. Man kann also schreiben:

$$\frac{1}{13\,983\,816} - \frac{1}{139\,838\,160} = \frac{10}{139\,838\,160} - \frac{1}{139\,838\,160}$$

$$= \frac{9}{139\,838\,160} \approx \frac{1}{15\,537\,573} = 1:15\,537\,573$$

Weil die Gewinnwahrscheinlichkeit für jeden Lottotipp immer exakt gleich groß ist, egal, welche Lottozahlen man ankreuzt, ist es auch völlig gleichgültig, ob man mit Systemscheinen spielt oder mit der entsprechenden Anzahl von Einzeltipps auf Normalscheinen. Es gibt keine Möglichkeit, seine Gewinnchancen pro Lottotipp zu erhöhen. Man kann allerdings mit der richtigen Strategie im Gewinnfalle seine Gewinnquote verbessern. Warum und wie das geht, erkläre ich im nächsten Kapitel.

Wenden wir uns nun den Gewinnwahrscheinlichkeiten zu, wenn nicht alle 6 Lottozahlen richtig angekreuzt wurden. Wie groß ist sie zum Beispiel für 4 Richtige? Dazu müssen wir berechnen, wie viele Kombinationen von 4 Richtigen man aus 6 Richtigen bilden kann. Die Formel für die Kombinationen kennen wir schon. Die Rechnung sieht also so aus:

$$\binom{6}{4} = \frac{6!}{4! \cdot (6-4)!} = \frac{6!}{4! \cdot 2!} = \frac{720}{48} = 15$$

Außer diesen 15 Kombinationen brauchen wir noch die Anzahl der Kombinationen für 2 aus insgesamt 43 falschen Zahlen, denn bei 4 Richtigen sind auch 2 falsche Zahlen angekreuzt worden:

$$\binom{43}{2} = \frac{43!}{2! \cdot (43-2)!} = \frac{43!}{2! \cdot 41!} = \frac{43 \cdot 42}{2} = 903$$

Insgesamt gibt es also $15 \cdot 903 = 13\,545$ Kombinationen, mit 6 Kreuzen 4 richtige und 2 falsche Zahlen anzukreuzen. Die Wahrscheinlichkeit für 4 Richtige erhält man dann ganz einfach, indem man die 13 545 günstigen Kombinationen durch die Gesamtzahl der Lottokombinationen teilt:

$$\frac{13\,545}{13\,983\,816} \approx 0{,}00096862 \approx \frac{1}{1032{,}4} = 1:1032{,}4$$

Die Wahrscheinlichkeit für 4 Richtige mit Superzahl ist auch hier zehnmal kleiner, und die Wahrscheinlichkeit für 4 Richtige ohne richtige Superzahl ergibt sich wieder aus der Differenz der beiden Wahrscheinlichkeiten. Auf diese Weise können Sie sich die Wahrscheinlichkeiten für jede Anzahl von Richtigen pro Lottotipp ausrechnen. Die folgende Tabelle listet alle diese Werte auf:

Anzahl der Richtigen	Wahrscheinlichkeit als Formel	Wahrscheinlichkeit als Bruch	Wahrscheinlichkeit als 1 : x	Wahrscheinlichkeit in %
6 Richtige	$\dfrac{\binom{6}{6} \cdot \binom{43}{0}}{\binom{49}{6}}$	$\dfrac{1}{13983816}$	1:13983816	0,000007 %
6 Richtige ohne Superzahl	$0{,}9 \cdot \dfrac{\binom{6}{6} \cdot \binom{43}{0}}{\binom{49}{6}}$	$\dfrac{9}{139838160}$	1:15537573	0,000006 %
6 Richtige mit Superzahl	$0{,}1 \cdot \dfrac{\binom{6}{6} \cdot \binom{43}{0}}{\binom{49}{6}}$	$\dfrac{1}{139838160}$	1:139838160	0,000001 %
5 Richtige	$\dfrac{\binom{6}{5} \cdot \binom{43}{1}}{\binom{49}{6}}$	$\dfrac{258}{13983816}$	1:54200,837	0,001845 %
5 Richtige ohne Superzahl	$0{,}9 \cdot \dfrac{\binom{6}{5} \cdot \binom{43}{1}}{\binom{49}{6}}$	$\dfrac{2322}{139838160}$	1:60223,152	0,001660 %
5 Richtige mit Superzahl	$0{,}1 \cdot \dfrac{\binom{6}{5} \cdot \binom{43}{1}}{\binom{49}{6}}$	$\dfrac{258}{139838160}$	1:542008,37	0,000184 %
4 Richtige	$\dfrac{\binom{6}{4} \cdot \binom{43}{2}}{\binom{49}{6}}$	$\dfrac{13545}{13983816}$	1:1032,40	0,097 %
4 Richtige ohne Superzahl	$0{,}9 \cdot \dfrac{\binom{6}{4} \cdot \binom{43}{2}}{\binom{49}{6}}$	$\dfrac{121905}{139838160}$	1:1147,11	0,087 %
4 Richtige mit Superzahl	$0{,}1 \cdot \dfrac{\binom{6}{4} \cdot \binom{43}{2}}{\binom{49}{6}}$	$\dfrac{13545}{139838160}$	1:10324,0	0,010 %
3 Richtige	$\dfrac{\binom{6}{3} \cdot \binom{43}{3}}{\binom{49}{6}}$	$\dfrac{246820}{13983816}$	1:56,656	1,765 %
3 Richtige ohne Superzahl	$0{,}9 \cdot \dfrac{\binom{6}{3} \cdot \binom{43}{3}}{\binom{49}{6}}$	$\dfrac{2221380}{139838160}$	1:62,951	1,589 %
3 Richtige mit Superzahl	$0{,}1 \cdot \dfrac{\binom{6}{3} \cdot \binom{43}{3}}{\binom{49}{6}}$	$\dfrac{246820}{139838160}$	1:566,56	0,177 %

Anzahl der Richtigen	Wahrscheinlichkeit als Formel	Wahrscheinlichkeit als Bruch	Wahrscheinlichkeit als 1:x	Wahrscheinlichkeit in %
2 Richtige	$\dfrac{\binom{6}{2}\cdot\binom{43}{4}}{\binom{49}{6}}$	$\dfrac{1851150}{13983816}$	1:7,5541	13,238 %
2 Richtige ohne Superzahl	$0,9\cdot\dfrac{\binom{6}{2}\cdot\binom{43}{4}}{\binom{49}{6}}$	$\dfrac{16660350}{139838160}$	1:8,3935	11,914 %
2 Richtige mit Superzahl	$0,1\cdot\dfrac{\binom{6}{2}\cdot\binom{43}{4}}{\binom{49}{6}}$	$\dfrac{1851150}{139838160}$	1:75,541	1,324 %
1 Richtige	$\dfrac{\binom{6}{1}\cdot\binom{43}{5}}{\binom{49}{6}}$	$\dfrac{5775588}{13983816}$	1:2,4212	41,302 %
1 Richtige ohne Superzahl	$0,9\cdot\dfrac{\binom{6}{1}\cdot\binom{43}{5}}{\binom{49}{6}}$	$\dfrac{51980292}{139838160}$	1:2,6902	37,172 %
1 Richtige mit Superzahl	$0,1\cdot\dfrac{\binom{6}{1}\cdot\binom{43}{5}}{\binom{49}{6}}$	$\dfrac{5775588}{139838160}$	1:24,212	4,130 %
0 Richtige	$\dfrac{\binom{6}{0}\cdot\binom{43}{6}}{\binom{49}{6}}$	$\dfrac{6096454}{13983816}$	1:2,2938	43,596 %
0 Richtige ohne Superzahl	$0,9\cdot\dfrac{\binom{6}{0}\cdot\binom{43}{6}}{\binom{49}{6}}$	$\dfrac{54868086}{139838160}$	1:2,5486	39,237 %
0 Richtige mit Superzahl	$0,1\cdot\dfrac{\binom{6}{0}\cdot\binom{43}{6}}{\binom{49}{6}}$	$\dfrac{6096454}{139838160}$	1:22,938	4,360 %
Mindestens 3 Richtige		$\dfrac{260624}{13983816}$	1:53,655	1,864 %
Mindestens 2 Richtige mit Superzahl		$\dfrac{4457390}{139838160}$	1:31,372	3,188 %
Mindestens 1 Richtige	$\dfrac{\binom{49}{6}-\binom{43}{6}}{\binom{49}{6}}$	$\dfrac{7887362}{13983816}$	1:1,7729	56,404 %

Es gibt aber noch weitere spannende Fragen zu Wahrscheinlichkeiten beim Lottospiel. Bei den Ziehungen fällt auf, dass sehr häufig zwei oder sogar mehr direkt aufeinanderfolgende Zahlen gezogen werden. Wie groß ist dafür die Wahrscheinlichkeit?

Um sie zu berechnen, wenden wir zwei Tricks an. Wir bestimmen zunächst, mit welcher Wahrscheinlichkeit dieser Fall nicht vorkommt. Dazu stellen wir uns die 43 Lottozahlen vor, die nicht gezogen wurden, und ordnen sie in Gedanken entsprechend ihrer Größe in einer Reihe an. Die 6 gezogenen Zahlen müssen dann die Lücken zwischen den 43 Zahlen ausfüllen. Insgesamt gibt es 44 mögliche Lücken, weil sich sowohl vor der kleinsten nicht gezogenen Zahl als auch hinter der größten nicht gezogenen Zahl eine gezogene Zahl befinden kann. Allerdings darf sich in jeder Lücke höchstens eine gezogene Zahl befinden, weil es sonst zwei oder mehr direkt aufeinanderfolgende Zahlen gäbe. Wir suchen also die Zahl der Kombinationen, die 6 gezogenen Zahlen einzeln in die 44 möglichen Lücken zu platzieren. Dafür verwenden wir wieder die schon bekannte Formel für die Kombinationen:

$$\binom{44}{6} = \frac{44!}{6! \cdot (44-6)!} = \frac{44!}{6! \cdot 38!} = \frac{44 \cdot 43 \cdot 42 \cdot 41 \cdot 40 \cdot 39}{1 \cdot 2 \cdot 3 \cdot 4 \cdot 5 \cdot 6}$$

$$= \frac{5\,082\,517\,440}{720} = 7\,059\,052$$

Diese günstigen Kombinationen dividieren wir durch die Gesamtzahl der Kombinationen und erhalten die Wahrscheinlichkeit, dass bei einer Ziehung keine direkt aufeinanderfolgenden Zahlen auftreten:

$$\frac{7\,059\,052}{13\,983\,816} \approx 0,5048 = 50,48\,\%$$

Die Wahrscheinlichkeit, dass bei einer Ziehung mindestens zwei aufeinanderfolgende Zahlen auftreten, ist dann die Differenz zu 100 %:

$$100\% - 50{,}48\% = 49{,}52\%$$

Diese beiden Tricks haben uns also auf elegante Weise zum Ziel geführt. Die gesuchte Wahrscheinlichkeit ist tatsächlich überraschend groß. Sie beträgt fast 50 %. Vielleicht interessieren Sie sich in diesem Zusammenhang auch noch für die folgenden drei Wahrscheinlichkeiten, für die ich nur die Formeln und die Ergebnisse angebe:

Wahrscheinlichkeit für genau 2 aufeinanderfolgende Lottozahlen:

$$\frac{\frac{44!}{39! \cdot 4! \cdot 1!}}{\binom{49}{6}} = \frac{5\,430\,040}{13\,983\,816} \approx 38{,}83\%$$

Wahrscheinlichkeit für genau 3 aufeinanderfolgende Lottozahlen:

$$\frac{\frac{44!}{40! \cdot 3! \cdot 1!}}{\binom{49}{6}} = \frac{543\,004}{13\,983\,816} \approx 3{,}88\%$$

Wahrscheinlichkeit für zweimal 2 aufeinanderfolgende Lottozahlen:

$$\frac{\frac{44!}{40! \cdot 2! \cdot 2!}}{\binom{49}{6}} = \frac{8\,145\,060}{13\,983\,816} \approx 5{,}82\%$$

Die Wahrscheinlichkeit, dass bei zwei verschiedenen Lottoziehungen mindestens eine Zahl gleich ist, interessiert auch viele Spieler. Auch hier ist es einfacher, zunächst den umgekehrten Fall zu untersuchen, dass also keine Zahl übereinstimmt. Die Wahrscheinlichkeit, dass die erste Zahl der zweiten Ziehung mit keiner der 6 Zahlen der ersten Ziehung übereinstimmt, beträgt $\frac{43}{49}$, weil 43 von 49 Zahlen bei der ersten Ziehung nicht gezogen wurden. Die Wahrscheinlichkeit, dass die zweite Zahl der zweiten Ziehung mit keiner der 6 Zahlen der ersten Ziehung übereinstimmt, ist dann $\frac{42}{48}$, weil durch die erste Zahl eine der 43 Zahlen nicht mehr in Frage kommt. Bei der sechsten Zahl der zweiten Ziehung kommen wir dann auf nur noch $\frac{38}{44}$. Insgesamt ist die Wahrscheinlichkeit, dass keine Zahl der beiden Ziehungen übereinstimmt, gleich dem Produkt der Einzelwahrscheinlichkeiten und beträgt:

$$\frac{43}{49} \cdot \frac{42}{48} \cdot \frac{41}{47} \cdot \frac{40}{46} \cdot \frac{39}{45} \cdot \frac{38}{44} \approx 0,4360 = 43,60\%$$

Die Wahrscheinlichkeit für mindestens eine gleiche Zahl bei zwei Ziehungen von Lotto 6 aus 49 ist dann gleich

$$100\% - 43,60\% = 56,40\%.$$

Zum Schluss möchte ich noch zwei spannende Fragen beantworten, die sehr ähnlich sind. Die erste lautet: Nach wie vielen Ziehungen beim Lotto 6 aus 49 ist die Wahrscheinlichkeit, dass mindestens zweimal dieselben 6 Zahlen gezogen worden sind, zum ersten Mal größer als 50 %?

Ich verrate Ihnen die Antwort sofort. Nach 4404 Lottoziehungen ist die Wahrscheinlichkeit zum ersten Mal größer als 50 %, nämlich 50,013 %, dass mindestens zweimal die gleichen 6 Zahlen gezogen worden sind. Wenn man von zwei Ziehungen pro Woche ausgeht, entspricht das einem Zeitraum von mehr als 42 Jahren. Tatsächlich wurden seit 1955 in Deutschland beim Lotto 6 aus 49 schon zweimal dieselben 6 Zahlen gezogen. Sowohl am 20. Dezember 1986 als auch am 21. Juni 1995 waren es die Zahlen 15, 25, 27, 30, 42 und 48. Bis zur zweiten Ziehung einschließlich hatte es 3016 Lottoziehungen gegeben und die Wahrscheinlichkeit für mindestens zwei gleiche Ziehungen betrug zu diesem Zeitpunkt 27,76 %.

Wie man auf die Lösung kommt, verrate ich hier nicht, weil das Rätsel direkt nach diesem Kapitel auf denselben mathematischen Überlegungen basiert. Es werden allerdings keine

Geburtstage von Schülern auf die 365 Tage eines Jahres verteilt, sondern Lottoziehungen auf die insgesamt 13983816 verschiedenen Ziehungsmöglichkeiten.

Die zweite Frage lautet: Nach wie vielen Ziehungen ist die Wahrscheinlichkeit, dass mindestens zweimal direkt nacheinander dieselben 6 Zahlen gezogen worden sind, zum ersten Mal größer als 50 %?

Um diese Bedingung zu erfüllen, müsste man tatsächlich ungefähr 9700000 Ziehungen abwarten. Bei zwei Ziehungen pro Woche müsste man sich fast 93000 Jahre gedulden. Deshalb ist es auch nicht erstaunlich, dass so ein Fall in Deutschland noch nicht aufgetreten ist. Dieser Zeitraum kann auch nicht dadurch verkürzt werden, dass mehr Menschen Lotto spielen, weil es ja nicht auf die Anzahl der Tipps, sondern der Ziehungen ankommt.

Mehrere Geburtstage am selben Tag

Wie viele Schüler müssen mindestens in einer Klasse sein, damit die Wahrscheinlichkeit, dass mindestens zwei Schüler am selben Tag Geburtstag haben, größer ist, als dass alle an unterschiedlichen Tagen Geburtstag haben?

Auflösung auf Seite 211

Der Trick mit den Quoten
Überdurchschnittliche Gewinne
beim Lotto 6 aus 49

Im vorigen Kapitel haben wir gesehen, dass die Gewinnwahrscheinlichkeiten pro Lottotipp immer exakt gleich groß sind. Entgegen einem verbreiteten Irrglauben kann man seine Gewinnchance also nicht durch das Ankreuzen bestimmter Lottozahlen erhöhen!

Einige werden nun vielleicht einwenden, dass es Zahlen gibt, die viel seltener gezogen worden sind als andere. Und sie denken, diese Zahlen würden versuchen, ihren Rückstand wieder aufzuholen. Und das könnten sie ja nur, indem sie in Zukunft häufiger gezogen würden. Wenn dem so wäre, könnte man tatsächlich durch das Ankreuzen dieser Zahlen seine Gewinnchancen erhöhen.

Eine Lottokugel hat aber kein Gedächtnis und «weiß» deshalb nicht, ob sie seltener gezogen worden ist, oder ob sie aus der Sicht der Spieler vielleicht eine Glückszahl trägt und deshalb häufiger gezogen werden müsste. Nach zum Beispiel 4900 Ziehungen sind $6 \cdot 4900 = 29\,400$ Lottozahlen gezogen worden, jede der 49 Zahlen im Mittel genau $\frac{29\,400}{49} = 600$-mal. Angenommen, eine der Zahlen ist durch Zufall 60-mal weniger, also nur 540-mal gezogen worden. Wie gleicht nun diese Lottokugel ihren zufällig entstandenen Rückstand von $\frac{60}{600} = 10\,\%$ wieder aus, obwohl sie nichts davon weiß? Tatsächlich wird sie in Zukunft im Mittel genauso häufig gezogen werden wie die anderen Kugeln. Wenn alle Zahlen also im Mittel 1200-mal gezogen worden sind, wird diese eine im Mittel 1140-mal gezogen worden sein. Sie ist also immer noch mit 60 Ziehungen im Rückstand. Allerdings liegt sie nun nicht mehr 10 %, sondern nur noch $\frac{60}{1200}$ = 5 % zurück. Obwohl sie also nicht häufiger gezogen worden ist als die anderen Lottozahlen, ist der wichtige und entscheidende prozentuale Abstand kleiner geworden! So gleicht der Zufall also zufällig entstandene Unterschiede wieder aus!

Nachdem ich Sie hoffentlich davon überzeugen konnte, dass eine Kugel nicht plötzlich häufiger gezogen wird, um zum Beispiel ihren Rückstand aufzuholen, werden Sie vielleicht darauf hinweisen, dass bestimmte Zahlen erstaunlich selten oder häufig gezogen worden sind. Und Sie fragen sich womöglich, ob entweder mit den Kugeln oder mit der Lottotrommel etwas nicht in Ordnung ist. Kann man das denn nur mit dem Zufall erklären?

Dazu stelle ich Ihnen eine kleine Auswertung der ersten eben erwähnten 4900 Ziehungen vor. Sie wurden am 16. Oktober 2010 erreicht. Jede Zahl sollte zu diesem Zeitpunkt im Mittel also 600-mal gezogen worden sein. Mit etwas Mathematik kann man ausrechnen, wie viele Zahlen wie weit von diesem Mittelwert abweichen sollten, wenn nur der Zufall regiert. Die folgende Zusammenstellung zeigt es; in Klammern steht die tatsächlich gezogene Anzahl:

554-mal oder seltener: etwa 1 Lottozahl (1)
555-mal bis 577-mal: etwa 7 Lottozahlen (7)
578-mal bis 622-mal: etwa 33 Lottozahlen (32)
623-mal bis 645-mal: etwa 7 Lottozahlen (8)
646-mal oder häufiger: etwa 1 Lottozahl (1)

Sie sehen, dass der Zufall ziemlich große Abweichungen erzeugt, und dass die tatsächlichen Ziehungen sich sehr gut nur mit dem Zufall erklären lassen.

Die Gewinnchance pro Tipp kann man also nicht erhöhen. Anders sieht es mit der Quote aus, die man erhält, wenn man denn einmal gewonnen hat. In jeder Gewinnklasse wird nämlich ein bestimmter Anteil der Einspielsumme verteilt. Wenn also zum Beispiel viele Spieler 4 Richtige haben, wird der Anteil unter entsprechend mehr Leuten aufgeteilt. Damit ist die Lottoquote niedrig, die jeder Spieler in dieser Gewinnklasse erhält. Es kommt also darauf an, solche Zahlen anzukreuzen, die von den Mitspielern eher gemieden werden. Dann wird die Einspielsumme im Falle eines Gewinns auf weniger Tipps verteilt und die Quote steigt.

Wie findet man nun heraus, welche Zahlen unbeliebt sind? Dazu berechnet man zunächst die theoretischen Lottoquoten für jede Gewinnklasse unter Verwendung der jeweiligen Gewinnwahrscheinlichkeiten. Diese Quoten würden sich ergeben, wenn alle 139 838 160 möglichen Tipps gleich häufig abgegeben worden wären. In die Berechnung geht ein, dass nur 50 % der Einspielsumme wieder ausgeschüttet wird. Außerdem muss die Aufteilung der ausgeschütteten Summe auf die verschiedenen Gewinnklassen berücksichtigt werden. Auf die Gewinnklasse 1 (6 Richtige mit Superzahl) entfallen dabei 12,8 %. In der Gewinnklasse 9 (2 Richtige mit Superzahl) gibt es eine festgelegte Quote von 5 Euro, die deshalb auch gleichzeitig die theoretische Gewinnquote darstellt. Daraus ergibt sich für diese Gewinnklasse ein mittlerer Anteil von 13,237803 % der ausgeschütteten Summe. Die restlichen 73,962197 % werden mit unterschiedlichen Anteilen auf die übrigen Gewinnklassen aufgeteilt. Weiterhin spielen die Wahrscheinlichkeiten eine Rolle, mit der ein Tipp in den verschiedenen Klassen einen Gewinn erzielt. Je geringer die Wahrscheinlichkeit, desto größer die theoretische Gewinnquote. Und schließlich ist natürlich auch der Preis pro Tipp wichtig. Die Berechnung der theoretischen Lottoquoten sieht dann so aus:

Gewinnklasse 1 (6 Richtige mit Superzahl):

$50\,\% \cdot 12{,}800000\,\% \cdot 139\,838\,160 \cdot 1$ Euro $= 8\,949\,642{,}20$ Euro

Gewinnklasse 2 (6 Richtige ohne Superzahl):

$50\,\% \cdot 73{,}962197\,\% \cdot 10\,\% \cdot 15\,537\,573 \cdot 1$ Euro $=$
$574\,596{,}52$ Euro

Gewinnklasse 3 (5 Richtige mit Superzahl):

$50\,\% \cdot 73{,}962197\,\% \cdot 5\,\% \cdot 542\,008{,}4 \cdot 1$ Euro $= 10\,022{,}03$ Euro

Gewinnklasse 4 (5 Richtige ohne Superzahl):

$50\,\% \cdot 73{,}962197\,\% \cdot 15\,\% \cdot 60\,223{,}2 \cdot 1$ Euro $= 3340{,}68$ Euro

Gewinnklasse 5 (4 Richtige mit Superzahl):

$50\,\% \cdot 73{,}962197\,\% \cdot 5\,\% \cdot 10\,324{,}0 \cdot 1$ Euro $= 190{,}90$ Euro

Gewinnklasse 6 (4 Richtige ohne Superzahl):

$50\,\% \cdot 73{,}962197\,\% \cdot 10\,\% \cdot 1147{,}11 \cdot 1$ Euro $= 42{,}42$ Euro

Gewinnklasse 7 (3 Richtige mit Superzahl):

$50\,\% \cdot 73{,}962197\,\% \cdot 10\,\% \cdot 566{,}56 \cdot 1$ Euro $= 20{,}95$ Euro

Gewinnklasse 8 (3 Richtige ohne Superzahl):

$50\,\% \cdot 73{,}962197\,\% \cdot 45\,\% \cdot 62{,}951 \cdot 1$ Euro $= 10{,}48$ Euro

Gewinnklasse 9 (2 Richtige mit Superzahl):

$50\,\% \cdot 13{,}237803\,\% \cdot 75{,}541237 \cdot 1$ Euro $= 5{,}00$ Euro

Liegen die tatsächlichen Quoten einer Ziehung über diesen theoretischen Werten, müssen sich unter den gezogenen Zahlen welche befinden, die unbeliebt sind und deshalb von den Spielern gemieden werden. Allerdings reicht die Angabe der Lottoquoten einer Ziehung nicht aus, die Beliebtheit der einzelnen Zahlen dieser Ziehung zu ermitteln. Theoretisch muss man mindestens die Quoten von 49 Ziehungen heranziehen, um daraus die Informationen für die Beliebtheit von jeder der 49 Zahlen zu ermitteln.

Aber auch sie reichen dazu in der Praxis gar nicht aus. Überlagert wird die Beliebtheit der einzelnen Zahlen nämlich von der Vorliebe vieler Spieler für Muster. Ein geometrisches Muster ist beispielsweise ein rechteckiger Block von 2 · 3 Kreuzen auf einem Lottofeld. Und wenn zum Beispiel die Differenz von zwei aufeinanderfolgenden Lottozahlen immer gleich groß ist, spricht man von einem arithmetischen Muster. Die Lottoquote sinkt, wenn solche Muster gezogen werden, auch wenn die einzelnen Zahlen dieser Muster nicht besonders beliebt sind.

Damit diese gelegentlich auftretenden Effekte die Werte für die Beliebtheit der einzelnen Zahlen nicht zu sehr verfälschen, braucht man für die Rechnung deutlich mehr als 49 Ziehungen. Deshalb habe ich alle 166 Ziehungen verwendet, die vom Beginn der Lottoziehungen ohne Zusatzzahl am 4. Mai 2013 bis zum 3. Dezember 2014 in Deutschland stattgefunden haben. Das in der folgenden Tabelle aufgeführte Ergebnis der Rechnung spiegelt damit das Verhalten der Lottospieler über diesen Zeitraum wider:

Lotto-zahl	Beliebt-heit	Lotto-zahl	Beliebt-heit	Lotto-zahl	Beliebt-heit	Lotto-zahl	Beliebt-heit
35	0,790	20	0,912	39	1,000	32	1,105
14	0,814	21	0,925	18	1,007	31	1,114
22	0,816	30	0,927	2	1,010	33	1,115

Lotto-zahl	Beliebt-heit	Lotto-zahl	Beliebt-heit	Lotto-zahl	Beliebt-heit	Lotto-zahl	Beliebt-heit
45	0,817	1	0,928	13	1,019	24	1,131
15	0,832	47	0,932	23	1,032	12	1,155
46	0,846	48	0,933	49	1,033	3	1,169
28	0,858	34	0,938	27	1,058	19	1,186
29	0,861	41	0,954	38	1,068	9	1,191
36	0,862	40	0,965	26	1,083	17	1,205
44	0,865	37	0,970	4	1,089	10	1,212
43	0,867	8	0,977	6	1,095	5	1,226
42	0,872	16	0,986	25	1,101	11	1,252
						7	1,260

Beliebte Zahlen haben einen Wert größer als 1, unbeliebte Zahlen liegen unterhalb von 1. Informationen zu der nicht ganz einfachen Berechnung der Beliebtheit der Lottozahlen finden Sie auf

http://www.brefeld.homepage.t-online.de/lottoquoten.html

Wie man sieht, ist die beliebteste Zahl die «Glückszahl» 7. Sie wird etwa um 26 % häufiger angekreuzt, als es dem Zufall entsprechen würde. Danach folgen die 11 und die 5 mit einer um etwa 25 % bzw. 23 % erhöhten Beliebtheit. An vierter bis sechster Stelle kommen die 10, die 17 und die 9. Diese 6 Lottozahlen sollten Sie also auf keinen Fall auswählen, wenn Sie im Falle eines Gewinns eine niedrige Lottoquote vermeiden möchten.

Um im Mittel eine überdurchschnittliche Lottoquote zu erzielen, sollten Sie also nur unbeliebte Zahlen ankreuzen. Dabei müssen Sie allerdings darauf achten, dass diese Zahlen kein besonderes Muster bilden, denn Muster sind – wie schon erwähnt – bei vielen Spielern beliebt. Außerdem sollten Sie nicht gerade die 6 unbeliebtesten Zahlen aus meiner Tabelle tippen.

Auf diese Idee kommen bestimmt auch noch andere Leser dieses Buches. Die Enttäuschung im Falle von 6 Richtigen wäre dann groß. Anschaulicher als eine Tabelle ist die optische Darstellung der Beliebtheit in einem Lottofeld:

1	2	3	4	5	6	7
8	9	10	11	12	13	14
15	16	17	18	19	20	21
22	23	24	25	26	27	28
29	30	31	32	33	34	35
36	37	38	39	40	41	42
43	44	45	46	47	48	49

Unbeliebte Zahlen haben ein helles Feld und beliebte Zahlen ein dunkles. Durch eine Umrandung besonders hervorgehoben sind Zahlen mit einer Beliebtheit kleiner als 0,9 und größer als 1,1.

Die dunklen Felder der beliebten Lottozahlen im Tippfeld sehen aus, als hätte jemand einen Brief geschrieben. Ganz oben steht der «Ort» und das «Datum», in der zweiten Zeile folgt die «Anrede», dann der «Brieftext», der «Gruß» und in der vorletzten Zeile die «Unterschrift». Der linke Rand wird nicht «beschrieben», damit der «Brief» ordentlich aussieht. Auch der rechte Rand bleibt weitgehend frei. Das Gleiche gilt für die letzte Zeile, weil der Lottospieler meistens schon vorher alle Kreuzchen gemacht hat.

Ich möchte Sie hier auf etwas Wichtiges hinweisen. Leider kommen Sie auch dann, wenn Sie die unbeliebten Zahlen tippen, im Mittel nicht in die Gewinnzone. Während alle Spieler durchschnittlich von jedem eingesetzten Euro etwa 50 Cent zurückbekommen, bekommt der geschickte Lottospieler über alle Gewinnklassen im Mittel zwar deutlich mehr zurück. Die Beliebtheit der Lottozahlen ist aber insgesamt leider nicht unterschiedlich genug, damit Sie durch das Tippen der unbeliebten Zahlen im Mittel mehr Geld zurückbekämen, als Sie eingesetzt haben. Wäre es anders, dann würde ich anfangen, Lotto zu spielen und es gäbe dieses Kapitel in diesem Buch nicht.

Man kann also durch das Ankreuzen von unbeliebten Zahlen nur seine mittleren Verluste verringern. Deshalb sollte man auch nur dann Lotto spielen, wenn man das entsprechende Geld übrig hat, also nicht auf die Gewinne angewiesen ist und wenn der Spaß am Spiel größer ist als der Frust über das fast immer verspielte Geld. Damit man aber auch jederzeit ohne Probleme mit dem Lottospielen aufhören kann, sollte man häufig seine Zahlen wechseln, weil man sich sonst immer an die in der Vergangenheit getippten Zahlen erinnern würde.

Für die Gewinnklassen mit Superzahl können Sie im Mittel Ihre Quote weiter erhöhen, wenn Sie nur Tippscheine mit unbeliebten Superzahlen verwenden. Denn dadurch würde im Falle eines Gewinnes die Zahl der Mitgewinner im Mittel noch weiter verringert.

Die Beliebtheit der Superzahlen zu berechnen, ist ziemlich einfach. Man ermittelt für jede Superzahl über einen bestimmten Zeitraum die Anzahl jener Gewinner, die genau 3 Lottozahlen und die entsprechende Superzahl richtig hatten. Diese Anzahlen dividiert man jeweils durch die Anzahlen aller Gewinner, die bei den Ziehungen der entsprechenden Superzahl 3 Richtige hatten, egal ob mit richtiger oder mit falscher Superzahl. Wegen der 10 Superzahlen ergibt das Zehnfache dieser Quotienten dann die jeweilige Beliebtheit. Man kann sich bei der Berechnung auf die Gewinner mit 3 Richtigen beschränken, weil hier die Anzahlen der Gewinner am größten sind und die Spieler bei der Auswahl der Superzahl ja noch nicht wissen, ob und wie viel sie gewonnen haben. Für die Berechnung habe ich wieder die 166 Lottoziehungen vom 4. Mai 2013 bis zum 3. Dezember 2014 verwendet. Hier sind die 10 Superzahlen mit ihrer Beliebtheit:

Superzahl	Beliebtheit
0	0,793
1	0,881
9	0,937
2	0,948
4	0,983
6	1,015
3	1,049
8	1,084
5	1,137
7	1,172

Wie Sie sehen, ist die 0 die unbeliebteste Superzahl. Tippscheine mit dieser Zahl sollten Sie auswählen, um möglichst wenige oder gar keine Mitgewinner zu haben. Die beliebteste Superzahl ist die «Glückszahl» 7. Die folgende Abbildung veranschaulicht die Beliebtheit der Superzahlen:

Sohn oder Tochter?

Ein Ehepaar hat zwei Kinder. Eines der beiden Kinder ist ein Sohn. Wie groß ist die Wahrscheinlichkeit, dass das Ehepaar auch eine Tochter hat, wenn man annimmt, dass gleich viele Jungen wie Mädchen geboren werden?

Auflösung auf Seite 213

Der Trick mit den Quoten

Schon wieder keine große Straße
Wahrscheinlichkeiten beim Kniffelspiel

Das Kniffel-Spiel mit seinen 5 Würfeln erfreut sich großer Beliebtheit. Und viele Spieler haben es durch Übung und Erfahrung zu wahrer Meisterschaft gebracht. Denn Kniffel ist alles andere als ein reines Glücksspiel. Aus den Wahrscheinlichkeiten für bestimmte Augenzahlen-Kombinationen lassen sich vielmehr exakte Strategien ableiten, mit denen ein Spieler seine Punktzahl optimieren kann. Die meisten Spieler haben ihr Können sicher nicht durch mathematische Überlegungen, sondern durch Erfahrung erworben. Aber mit etwas Mathematik kann sich jeder Spieler noch weiter verbessern.

Bevor wir dazu kommen, wollen wir mit einigen einfachen Überlegungen zum Würfeln beginnen. An einem Würfel habe ich schon in der Einleitung zu Lotto und Kniffel erläutert, was eine Wahrscheinlichkeit ist und wie man sie berechnet. Wenden wir uns nun also Fragen zu, bei denen es um mehrere Würfel geht. Dazu eine wichtige Anmerkung vorweg: Ob man mit mehreren Würfeln gleichzeitig spielt oder mit einem mehrmals, macht mathematisch keinen Unterschied. Man könnte Kniffel auch mit einem einzigen Würfel spielen, indem man jeweils höchstens fünfmal würfelt. Das wäre nur mühseliger, weil man sich die Augenzahlen merken oder aufschreiben müsste.

Nehmen wir an, wir haben nur einen Würfel, wollen damit zweimal würfeln und jedes Mal eine 6 erzielen. Wie groß ist die Wahrscheinlichkeit? Die Wahrscheinlichkeit, mit dem ersten Wurf eine 6 zu würfeln, ist ja $\frac{1}{6}$. Das gilt auch für den zweiten Wurf. Die gesuchte Wahrscheinlichkeit ist dann gleich dem Produkt dieser beiden und beträgt

$$\frac{1}{6} \cdot \frac{1}{6} = \frac{1}{36} \approx 0{,}02778 = 2{,}778\,\%$$

Wie steht es um die Wahrscheinlichkeit, mit 4 Würfen mindestens einmal eine 6 zu erzielen? Hier müssen wir einen kleinen Trick anwenden und uns zunächst fragen, wie groß die Wahrscheinlichkeit ist, viermal nacheinander *keine* 6 zu bekommen. Beim ersten Wurf beträgt sie ja $\frac{5}{6}$: wegen der 5 Möglichkeiten, eine der 5 anderen Zahlen zu bekommen. Viermal hintereinander keine 6 zu würfeln, hat dann nur noch eine Wahrscheinlichkeit von

$$\frac{5}{6} \cdot \frac{5}{6} \cdot \frac{5}{6} \cdot \frac{5}{6} = \left(\frac{5}{6}\right)^4 \approx 0{,}48225 = 48{,}225\,\%$$

Gesucht wird aber die Wahrscheinlichkeit für den umgekehrten Fall. Dazu müssen wir diesen Wert von 1 oder 100 % subtrahieren:

$$1 - \left(\frac{5}{6}\right)^4 \approx 1 - 0{,}48225 = 100\,\% - 48{,}225\,\% = 51{,}775\,\%$$

Mit einer Wahrscheinlichkeit von etwas über 50 % erzielen wir also mindestens eine 6.

Die nächste Frage ist schon etwas schwieriger. Wie groß ist die Wahrscheinlichkeit, mit 12 Würfen genau zweimal eine 6 zu erzielen? Der Einfachheit halber nehmen wir zunächst an, dass wir die beiden Sechsen direkt am Anfang würfeln und bei den restlichen 10 Würfen keine 6 mehr. Nun sind wir imstande, dafür die Wahrscheinlichkeit anzugeben:

$$\frac{1}{6} \cdot \frac{1}{6} \cdot \frac{5}{6} \cdot \frac{5}{6} \cdot \frac{5}{6} \cdot \frac{5}{6} \cdot \frac{5}{6} \cdot \frac{5}{6} \cdot \frac{5}{6} \cdot \frac{5}{6} \cdot \frac{5}{6} \cdot \frac{5}{6} = \left(\frac{1}{6}\right)^2 \cdot \left(\frac{5}{6}\right)^{10}$$

Allerdings wissen wir, dass es genauso gut möglich ist, die beiden Sechsen zum Beispiel beim siebten und elften Wurf zu bekommen. Wir müssen also alle Möglichkeiten bestimmen, die 2 Sechsen auf die 12 Würfe zu verteilen. Das ist das Gleiche, als hätten wir 12 Kugeln mit den Zahlen 1 bis 12 und würden zwei davon ziehen. Aus dem Kapitel über Lotto wissen wir, dass es sich hierbei um Kombinationen ohne Wiederholung handelt, weil bei jedem Wurf nur eine der beiden Sechsen erzielt werden kann. Die Anzahl der Kombinationen können wir also wieder mit Hilfe des Binomialkoeffizienten (siehe zwei Kapitel zuvor) ausrechnen:

$$\binom{12}{2} = \frac{12!}{2! \cdot (12 - 2)!} = \frac{12 \cdot 11}{1 \cdot 2} = 66$$

Es gibt also 66 gleich wahrscheinliche Möglichkeiten, mit 12 Würfen genau 2 Sechsen zu erzielen. Deshalb müssen wir die schon berechnete Wahrscheinlichkeit noch mit 66 multiplizieren und erhalten dann die gesuchte Wahrscheinlichkeit:

$$66 \cdot \left(\frac{1}{6}\right)^2 \cdot \left(\frac{5}{6}\right)^{10} \approx 0,29609 = 29,609\,\%$$

Die nächste Frage hat schon sehr viel mit dem Kniffelspiel zu tun. Wie viele verschiedene Möglichkeiten gibt es, wenn man mit einem Würfel fünfmal würfelt? Eine davon wäre zum Beispiel 3, 6, 3, 3 und 1, kurz geschrieben 36331. Wenn man diese Möglichkeit als verschieden von zum Beispiel 63331 ansieht, dann ist die Antwort ziemlich einfach. Beim ersten Wurf gibt es 6 Möglichkeiten, beim zweiten ebenfalls usw. Insgesamt beträgt die Anzahl der Möglichkeiten

$$6 \cdot 6 \cdot 6 \cdot 6 \cdot 6 = 6^5 = 7776$$

Man nennt sie Variationen mit Wiederholung, weil hier erstens die Reihenfolge wichtig ist und sich zweitens eine Zahl bei jedem Wurf wiederholen kann, anders als beim Lotto. Um auch bei einem Wurf mit fünf Würfeln die beiden Variationen 36331 und 63331 unterscheiden zu können, kann man einfach Würfel mit unterschiedlichen Farben verwenden. Durch sie kann man dann eine Reihenfolge von 1 bis 5 festlegen. Die allgemeine Formel für die Anzahl der Variationen V bei n Augenzahlen und k Würfen lautet:

$$V = n^k$$

Man kann jetzt mit Recht einwenden, dass beim Kniffel die Reihenfolge ja keine Rolle spielt und die Anzahl der möglichen unterschiedlichen Würfelergebnisse deshalb eine andere ist. Allerdings haben die 7776 Variationen für fünf Würfe mit einem Würfel bzw. einem Wurf mit fünf Würfeln einen entscheidenden Vorteil: Sie sind alle gleich wahrscheinlich, weil bei jedem Wurf jede Augenzahl mit derselben Wahrscheinlichkeit auftaucht. Deshalb eignen sie sich hervorragend zur Berechnung von Wahrscheinlichkeiten beim Kniffelspiel. Wie schon erwähnt, errechnet man eine Wahrscheinlichkeit zwar dadurch, dass man die Anzahl der *günstigen* Möglichkeiten durch die Anzahl *aller* Möglichkeiten teilt. Um das korrekte Ergebnis zu bekommen, müssen aber eben alle diese Möglichkeiten auch gleich wahrscheinlich sein.

Beim Kniffel selber kommt es aber nicht auf die Reihenfolge der Augenzahlen an. Die sich dann ergebenden Möglichkeiten heißen Kombinationen mit Wiederholung. Ihre Berechnung ist durchaus «kniffelig». Ich versuche, sie so anschaulich wie möglich darzustellen. Weil die Reihenfolge keine Rolle spielt, kann man die fünf gewürfelten Zahlen zum Beispiel der Größe nach ordnen. Ein Beispiel ist 23366. Dieses Ergebnis könnte man auch so schreiben: /X/XX///XX. Dabei stehen vor dem ersten Schrägstrich die Einsen, zwischen dem ersten und zweiten Schrägstrich die Zweien usw. und schließlich nach dem fünften Schrägstrich die Sechsen. Jedes X stellt eine Augenzahl dar, die zwischen den entsprechenden Schrägstrichen steht. Bei jeder Kombination der 5 Augenzahlen gibt es also 5 X und 5 Schrägstriche. Hier sind ein paar weitere Beispiele, um Sie an die neue Schreibweise zu gewöhnen:

13334 = X//XXX/X//

23456 = /X/X/X/X/X

22266 = /XXX////XX

11111 = XXXXX/////

Wie man erkennt, gehört zu jeder Kombination eine eindeutige Reihenfolge der 5 X und der 5 Schrägstriche. Man muss also nur die Anzahl aller möglichen Permutationen dieser 10 Zeichen berechnen. Im Lotto-Kapitel habe ich die Formel für Permutationen erläutert. Sie gilt allerdings nur dann, wenn alle Zeichen verschieden sind. Kommen einige Zeichen mehrmals vor – wie hier das X und der Schrägstrich jeweils fünfmal –, handelt es sich um Permutationen mit Wiederholung. Dafür gilt eine erweiterte Formel. Für die 10 Zeichen, 5 X und 5 Schrägstriche, berechnet sich diese Anzahl wie folgt:

$$P = \frac{10!}{5! \cdot 5!} = \binom{10}{5} = \frac{10 \cdot 9 \cdot 8 \cdot 7 \cdot 6}{1 \cdot 2 \cdot 3 \cdot 4 \cdot 5} = 252$$

Es gibt also 252 verschiedene Kombinationen für die 5 Augenzahlen beim Kniffel. Wenn wir mit n die Zahl der verschiedenen Augenzahlen bezeichnen und mit k die Zahl der Würfel, dann kann man die allgemeine Formel für die Anzahl K der Kombinationen auch so schreiben:

$$K = \frac{(n - 1 + k)!}{k! \cdot (n - 1)!} = \binom{n - 1 + k}{k}$$

Mit dem Trick einer anderen Darstellung haben wir mit Hilfe der Permutationen mit Wiederholung die Formel für die Kombinationen mit Wiederholung herausgefunden. Aber leider sind diese Kombinationen nicht gleich wahrscheinlich. Die Kombination 16666 ist zum Beispiel fünfmal wahrscheinlicher als 66666, weil sie ja in den Variationen 16666, 61666, 66166, 66616 und 66661 auftauchen kann. Und die Kombination 12345 ist sogar 120-mal wahrscheinlicher, weil es hierfür 5! = 120 verschiedene Reihenfolgen oder Permutationen gibt. Für die folgenden Wahrscheinlichkeitsberechnungen werden wir deshalb immer die Variationen benutzen.

Eine Frage drängt sich förmlich auf: Wie groß ist die Wahrscheinlichkeit, auf Anhieb einen Kniffel zu erzielen? Diese Frage kann man noch mit Hilfe der Wahrscheinlichkeiten für die einzelnen Würfel beantworten. Für den ersten Würfel ist ja die Augenzahl egal. Die Wahrscheinlichkeit ist deshalb $\frac{6}{6}$. Mit den nächsten 4 Würfeln müssen wir allerdings genau die Augenzahl erzielen, die der erste Würfel zeigt.

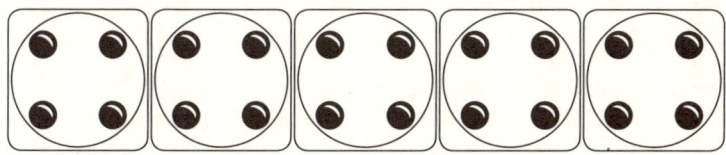

Das gelingt aber nur mit jeweils einer Wahrscheinlichkeit von $\frac{1}{6}$. Also ist die Wahrscheinlichkeit, auf Anhieb einen Kniffel zu würfeln:

$$\frac{6}{6} \cdot \frac{1}{6} \cdot \frac{1}{6} \cdot \frac{1}{6} \cdot \frac{1}{6} = \frac{6}{7776} = \frac{1}{1296} \approx 0,077\,\%$$

Man bekommt dasselbe Ergebnis, wenn man die günstigen Variationen durch die Anzahl aller 7776 Variationen teilt. Für einen Kniffel gibt es 6 günstige Variationen, nämlich von 11111 bis 66666. Die Rechnung ist also ganz einfach, und wir erhalten mit $\frac{6}{7776}$ dasselbe Ergebnis wie zuvor.

Für die Berechnung der Wahrscheinlichkeit, mit einem Wurf ein Full House zu bekommen, müssen wir mehr Mühe aufwenden.

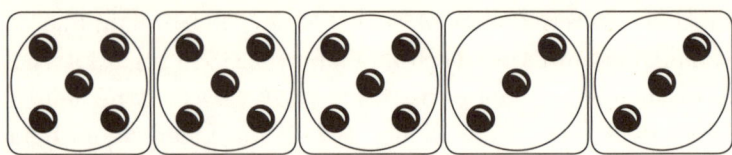

Fangen wir mit dem Drilling im Full House an. Dafür stehen noch 6 verschiedene Augenzahlen zur Verfügung. Wenn die Zahl für den Drilling feststeht, bleiben noch 5 Zahlen für den Zwilling übrig. Insgesamt gibt es also 6 · 5 = 30 verschiedene Kombinationen für ein Full House. Zur Bestimmung der Variationen müssen wir zusätzlich überlegen, wie viele verschiedene Reihenfolgen für jede Kombination möglich sind. Es handelt sich wieder um Permutationen mit Wiederholung, weil eine Augenzahl dreimal, die andere zweimal vorkommt. Die Anzahl der Permutationen ist deshalb:

$$P = \frac{5!}{3! \cdot 2!} = \frac{120}{6 \cdot 2} = 10$$

Die Zahl der günstigen Variationen für ein Full House ist dann 30 · 10 = 300. Und für die Wahrscheinlichkeit ergibt sich:

$$\frac{300}{7776} \approx 3{,}858\,\%$$

Sie ist damit 50-mal höher als beim Kniffel. Und wie sieht das bei der großen Straße aus? Eine große Straße kann ja sowohl die Kombination 12345 als auch 23456 sein.

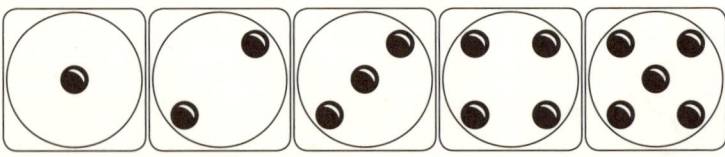

Wie viele Permutationen hat nun jede dieser Kombinationen? Wir wissen es schon. Es sind 5! = 120. Insgesamt gibt es demnach

$2 \cdot 5! = 240$ günstige Variationen, und die Wahrscheinlichkeit, mit einem Wurf eine große Straße zu erhalten, beträgt:

$$\frac{240}{7776} \approx 3,086\,\%$$

Gestärkt durch die bisherigen Übungen, wagen wir uns nun an das Abenteuer «kleine Straße». Weil eine große Straße auch als kleine Straße zählt, beschränken wir uns hier zunächst auf die «echte» kleine Straße und addieren zum Schluss das schon bekannte Ergebnis für die große Straße dazu. Eine «echte» kleine Straße kann aus 1234, 2345 oder 3456 bestehen. Der fünfte Würfel kann dann zum Beispiel jeweils eine Augenzahl haben, die mit der Augenzahl von einem der vier übrigen Würfel übereinstimmt.

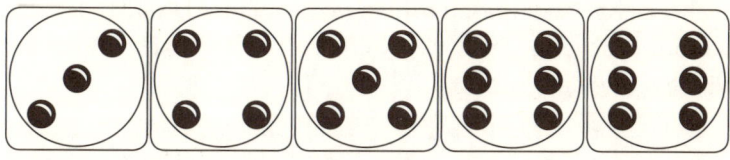

Daraus ergeben sich $3 \cdot 4 = 12$ Kombinationen. Bei der Berechnung der Permutationen muss man jetzt beachten, dass eine Zahl doppelt vorkommt. Wegen dieses Zwillings gibt es jeweils $\frac{5!}{2!} = \frac{120}{2} = 60$ Permutationen mit Wiederholung. Wir kommen hier also auf $12 \cdot 60 = 720$ Variationen. Es fehlen jetzt noch die beiden Kombinationen 12346 und 13456, in denen alle Augenzahlen verschieden sind. Davon gibt es jeweils $5! = 120$ Permutationen. Zusammen sind das dann $2 \cdot 120 = 240$ Variationen. Wir zählen für die «echte» kleine Straße also $720 + 240 = 960$ Variationen. Zusammen mit den 240 Variationen für die große Straße ergibt das insgesamt $960 + 240 = 1200$ Variationen. Die Wahrscheinlichkeit für eine kleine Straße mit einem Wurf ist folglich:

$$\frac{1200}{7776} \approx 15,432\,\%$$

Mit ähnlichen Überlegungen erhält man die folgenden Wahrscheinlichkeiten:

- Nur Einlinge: $\frac{720}{7776} \approx 9,259\,\%$

- Genau ein Zwilling: $\frac{3600}{7776} \approx 46,296\,\%$

- Zwei Zwillinge: $\frac{1800}{7776} \approx 23,148\,\%$

- Ein Drilling ohne Full House: $\frac{1200}{7776} \approx 15,432\,\%$

- Ein Vierling: $\frac{150}{7776} \approx 1,929\,\%$

Mit diesen Werten kann man jetzt ganz einfach die Wahrscheinlichkeiten für einen Dreierpasch und einen Viererpasch ausrechnen. Als Dreierpasch zählen ja der «reine» Drilling, das Full House, der Vierling und der Kniffel, als Viererpasch zählen der Vierling und der Kniffel.

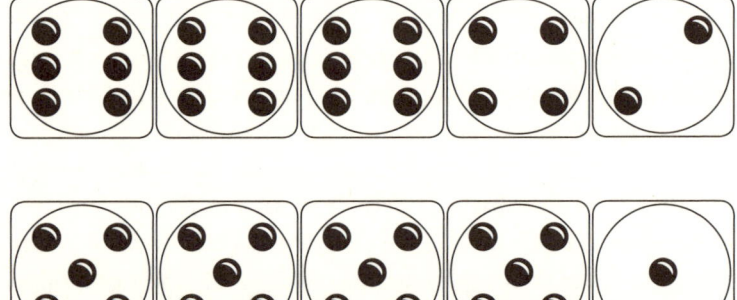

Deshalb ergeben sich dafür folgende Wahrscheinlichkeiten:

- Dreierpasch: $\frac{1656}{7776} \approx 21,296\,\%$

- Viererpasch: $\frac{156}{7776} \approx 2,006\,\%$

Sie werden nun zu Recht sagen, dass die Wahrscheinlichkeit, eine bestimmte Kategorie mit 3 Würfen zu erfüllen, viel interessanter ist als mit einem. Beim Kniffelspiel hat man ja jeweils 3 Würfe, zwischen denen man entscheiden darf, welche Augenzahlen man jeweils behalten möchte. Dadurch hängt die gesuchte Wahrscheinlichkeit von der gewählten Strategie ab. Und es gibt immer eine optimale Strategie – oder auch mehrere –, mit der man das Ziel mit der größten Wahrscheinlichkeit erreicht. Es ist allerdings oft schwierig, sie zu berechnen.

Hier möchte ich Ihnen deshalb nur einen Eindruck davon vermitteln, wie man die Wahrscheinlichkeit bei 3 Würfen und optimaler Strategie berechnet. Als Beispiel nehme ich dafür aus zwei Gründen den Kniffel selbst. Erstens entspricht hier die optimale Strategie dem gesunden Menschenverstand. Und zweitens hält sich der Berechnungsaufwand noch in Grenzen, allerdings nicht sehr engen. Halten Sie sich also fest! Wenn es Ihnen zu viel wird, springen Sie einfach zum Ergebnis.

Als Grundlage der Berechnung fangen wir erst einmal mit der optimalen Strategie für einen Kniffel in 3 Würfen an. Nach dem ersten und zweiten Wurf gelten die folgenden, unmittelbar einleuchtenden Regeln:

- Bei einem Kniffel behält man alles und ist am Ziel.
- Bei einem Vierling, Drilling oder Zwilling wird nur der Vierling, Drilling oder Zwilling behalten.
- Bei einem Full House wird nur der Drilling behalten.
- Bei zwei Zwillingen wird nur ein Zwilling behalten, egal welcher.
- Bei fünf Einlingen wird nur ein Einling behalten, egal welcher. Genauso optimal ist es allerdings, nichts zu behalten und komplett neu zu würfeln.

Entsprechend dieser Strategie muss man zunächst die Einzelwahrscheinlichkeiten p_1 bis p_{15} für alle 15 möglichen Fälle berechnen:

Mehrlinge nach 1., 2. und 3. Wurf	Einzelwahrscheinlichkeiten für das Erreichen eines Kniffels
Kniffel – –	$p_1 = \dfrac{6}{7776} = \dfrac{1}{1296} \approx 0,077\,\%$
Vierling Kniffel –	$p_2 = \dfrac{150}{7776} \cdot \dfrac{1}{6} = \dfrac{25}{7776} \approx 0,322\,\%$
Vierling Vierling Kniffel	$p_3 = \dfrac{150}{7776} \cdot \dfrac{5}{6} \cdot \dfrac{1}{6} = \dfrac{125}{46656} \approx 0,268\,\%$
Drilling Kniffel –	$p_4 = \dfrac{1500}{7776} \cdot \dfrac{1}{36} = \dfrac{125}{23328} \approx 0,536\,\%$
Drilling Vierling Kniffel	$p_5 = \dfrac{1500}{7776} \cdot \dfrac{10}{36} \cdot \dfrac{1}{6} = \dfrac{625}{69984} \approx 0,893\,\%$
Drilling Drilling Kniffel	$p_6 = \dfrac{1500}{7776} \cdot \dfrac{25}{36} \cdot \dfrac{1}{36} = \dfrac{3125}{839808} \approx 0,372\,\%$
Zwilling Kniffel –	$p_7 = \dfrac{5400}{7776} \cdot \dfrac{1}{216} = \dfrac{25}{7776} \approx 0,322\,\%$
Zwilling Vierling Kniffel	$p_8 = \dfrac{5400}{7776} \cdot \dfrac{15}{216} \cdot \dfrac{1}{6} = \dfrac{125}{15552} \approx 0,804\,\%$
Zwilling Drilling Kniffel	$p_9 = \dfrac{5400}{7776} \cdot \dfrac{80}{216} \cdot \dfrac{1}{36} = \dfrac{125}{17496} \approx 0,714\,\%$
Zwilling Zwilling Kniffel	$p_{10} = \dfrac{5400}{7776} \cdot \dfrac{120}{216} \cdot \dfrac{1}{216} = \dfrac{125}{69984} \approx 0,179\,\%$
Einlinge Kniffel –	$p_{11} = \dfrac{720}{7776} \cdot \dfrac{1}{1296} = \dfrac{5}{69984} \approx 0,007\,\%$

Mehrlinge nach 1., 2. und 3. Wurf	Einzelwahrscheinlichkeiten für das Erreichen eines Kniffels
Einlinge Vierling Kniffel	$p_{12} = \dfrac{720}{7776} \cdot \dfrac{25}{1296} \cdot \dfrac{1}{6} = \dfrac{125}{419904} \approx 0{,}030\,\%$
Einlinge Drilling Kniffel	$p_{13} = \dfrac{720}{7776} \cdot \dfrac{250}{1296} \cdot \dfrac{1}{36} = \dfrac{625}{1259712} \approx 0{,}050\,\%$
Einlinge Zwilling Kniffel	$p_{14} = \dfrac{720}{7776} \cdot \dfrac{900}{1296} \cdot \dfrac{1}{216} = \dfrac{125}{419904} \approx 0{,}030\,\%$
Einlinge Einlinge Kniffel	$p_{15} = \dfrac{720}{7776} \cdot \dfrac{120}{1296} \cdot \dfrac{1}{1296} = \dfrac{25}{3779136} \approx 0{,}001\,\%$

In der linken Spalte der Tabelle stehen jeweils die Mehrlinge, die beim ersten, zweiten und dritten Wurf erreicht werden, sofern nicht schon vorher ein Kniffel erzielt worden ist. Entsprechend sind die Faktoren in der rechten Spalte die Wahrscheinlichkeiten für das Erreichen der jeweils angegebenen Mehrlinge. Ein Drilling kann hier sowohl genau ein «reiner» Drilling als auch ein Full House sein, und ebenso kann ein Zwilling sowohl genau ein Zwilling als auch zwei Zwillinge sein, weil es ja für die weitere Strategie keinen Unterschied bedeutet.

Die Gesamtwahrscheinlichkeit für einen Kniffel in drei Würfen bekommen Sie, indem Sie die Einzelwahrscheinlichkeiten aufsummieren:

$$p_{\text{gesamt}} = \frac{347897}{7558272} \approx 4{,}603\,\%$$

Im Vergleich zur Wahrscheinlichkeit von 0,077 % für einen Kniffel mit einem Wurf ist dieser Wert viel größer. Das liegt natürlich auch an der optimalen Strategie.

Sie sehen, der Aufwand für diese Berechnung ist schon ziemlich groß, weil hinter jedem der insgesamt 39 Faktoren weitere

Schon wieder keine große Straße

Überlegungen und Rechnungen stecken. Stellvertretend stelle ich Ihnen die Überlegungen für einen dieser Faktoren vor: den zweiten Faktor zur Einzelwahrscheinlichkeit p_9. Weil dort der erzielte Zwilling nach dem ersten Wurf behalten wird, würfelt man mit drei Würfeln weiter. Dafür gibt es insgesamt $6^3 = 216$ Variationen mit Wiederholung.

Es gibt jetzt drei unterschiedliche Fälle für die günstigen Variationen. Im ersten Fall macht man mit einem der drei Würfel aus dem schon vorhandenen Zwilling einen Drilling. Für die beiden übrigen Würfel bleiben dann die restlichen 5 Augenzahlen übrig. Dafür gibt es zunächst $\binom{5}{2} = 10$ Kombinationen ohne Wiederholung. In diesem Fall haben die beiden Würfel unterschiedliche Augenzahlen. Für jede dieser 10 Kombinationen gibt es deshalb dann noch $3! = 6$ verschiedene Permutationen für die drei Würfel. Damit hat man insgesamt $10 \cdot 6 = 60$ günstige Variationen.

Neben dem einen Würfel, der aus dem Zwilling einen Drilling macht, haben im zweiten Fall die beiden übrigen Würfel dieselbe Augenzahl, sodass ein Full House entsteht. Dafür bleiben den beiden Würfeln 5 Möglichkeiten. Wegen der zwei identischen Augenzahlen ergeben sich zusammen mit dem dritten Würfel noch $\frac{3!}{2!} = 3$ Permutationen mit Wiederholung. Das sind dann insgesamt $5 \cdot 3 = 15$ günstige Variationen.

Schließlich gibt es noch den Fall, dass der Zwilling nicht zum Drilling erweitert wird, sondern dass man mit den 3 Würfeln einen komplett neuen Drilling würfelt. Dafür gibt es natürlich genau 5 Möglichkeiten. Und da es jeweils nur eine mögliche Permutation gibt, sind es auch 5 günstige Variationen.

Wenn man alles addiert, kommt man also auf $60 + 15 + 5 = 80$ günstige Variationen. Nach Division durch die Gesamtzahl der 216 Variationen erhält man den oben in Klammern angegebenen Faktor $\frac{80}{216}$. Man sieht: Die Berechnungen der Wahrscheinlichkeiten beim Kniffel können ziemlich komplex sein.

Ein Seil vom Nordpol zum Südpol

Ein Seil wird straff vom Nordpol zum Südpol der
Erde gespannt und anschließend um 1 Meter verlängert. Wie weit kann man das Seil vom Erdmittelpunkt in Richtung Äquator ziehen, bis es wieder
straff wird, wenn man für den Radius der Erde
eine Länge von 6378 Kilometern annimmt?

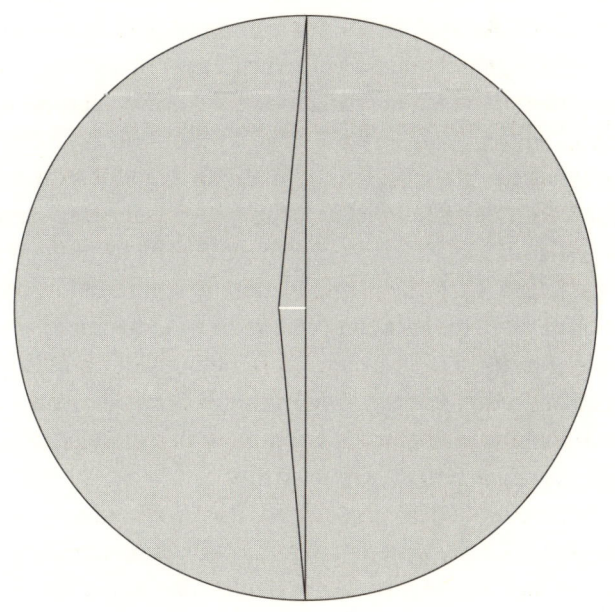

Auflösung auf Seite 214

Schon wieder keine große Straße

Wie gewinne ich beim Kniffeln?
Auf der Suche nach der optimalen Strategie

Im vorigen Kapitel wurde die Wahrscheinlichkeit für einen Kniffel mit 3 Würfen berechnet. Beim Kniffelspiel geht es aber nicht um das Erreichen der Kategorien an sich, sondern um die damit verbundenen Punktzahlen. Wie berechnet erzielt man also mit optimaler Strategie in 4,603 % der Fälle die 50 Punkte für einen Kniffel – und sonst 0 Punkte. Daher ist die mittlere Punktzahl 4,603 % · 50 Punkte ≈ 2,301 Punkte. Dieses arithmetische Mittel der Punktzahlen wird in der Stochastik «Erwartungswert» genannt.

Außerdem habe ich im vorigen Kapitel ohne Begründung die optimale Strategie für einen Kniffel in drei Würfen angegeben. Diese Strategie brauchte ich, um Ihnen erläutern zu können, wie man die Wahrscheinlichkeit für diesen Fall berechnet. Aber natürlich sind die Strategien beim Kniffel nicht einfach so da. Und sie folgen auch nicht immer dem gesunden Menschenverstand. Um zu demonstrieren, wie man in einfachen Fällen die optimale Strategie bestimmen kann, nehme ich als Beispiel das Full House in drei Würfen. Die optimale Strategie ist auch hier sowohl nach dem ersten als auch nach dem zweiten Wurf die gleiche. Die Regeln dafür sehen so aus:

- Bei einem Kniffel wird davon nur ein Drilling behalten.
- Bei einem Vierling wird davon ein Drilling und außerdem der übrige Einling behalten.
- Bei einem Full House behält man natürlich alles und ist am Ziel.
- Bei einem Drilling und zwei Einlingen werden der Drilling und ein Einling behalten, egal welcher.

- Bei zwei Zwillingen und einem Einling werden nur die beiden Zwillinge behalten.
- Bei einem Zwilling und drei Einlingen wird nur der Zwilling behalten, jedoch kein Einling.
- Bei fünf Einlingen wird entweder ein Einling behalten oder komplett neu gewürfelt.

Wie kann man nun herausfinden, dass diese Strategie optimal ist? Dazu schaut man sich die einzelnen Regeln an und überlegt, welche Alternativen jeweils überhaupt möglich sind. Dazu ein einfaches Beispiel: Vielleicht leuchtet Ihnen nicht unmittelbar ein, dass man außer dem Drilling einen Einling behalten muss, wenn man einen Drilling und zwei Einlinge hat. Angenommen, Sie haben beim zweiten Wurf 55541 gewürfelt. Sie könnten jetzt mit Recht sagen, dass man alle anderen möglichen Zwillinge verhindert, wenn man 5554 behält und damit auf 55544 setzt. Das ist richtig. Trotzdem ist das besser, als nur den Drilling zu behalten. Wenn man das nämlich macht und mit zwei Würfeln weiter würfelt, gibt es dafür $6^2 = 36$ Variationen. Unter diesen gibt es 5 günstige Variationen, bei denen man einen Zwilling würfelt, der nicht mit dem Drilling übereinstimmt. Die Wahrscheinlichkeit für ein Full House mit dieser Strategie ist also $\frac{5}{36}$. Behält man stattdessen den Drilling und einen Einling, muss man mit dem letzten Würfel die Augenzahl dieses Einlings erzielen. Die Chance dafür ist $\frac{1}{6}$ oder $\frac{6}{36}$. Man sieht, dass diese Strategie tatsächlich etwas besser ist. Diesen Vergleich muss man mit allen sinnvollen alternativen Strategien anstellen. Einen Drilling dadurch zu zerstören, dass man ihn auf einen Zwilling reduziert, ist offensichtlich sinnlos und muss nicht untersucht werden.

Übrigens ist die Wahrscheinlichkeit, mit drei Würfen bei optimaler Strategie ein Full House zu erzielen, ungefähr gleich 36,288 %. Die mittlere Punktzahl ist entsprechend 36,288 % $\cdot$ 25 $\approx$ 9,072.

Bei der großen Straße ist es deutlich schwieriger, alle sinnvollen Strategien zu finden, sie zu untersuchen und dadurch zur optimalen Strategie zu gelangen. Deshalb will ich hier nicht auf die entsprechenden Überlegungen und Berechnungen eingehen. Stattdessen verrate ich Ihnen sofort die optimale Strategie und hoffe, dass sie Ihnen gelegentlich beim Spielen hilft: Sowohl nach dem ersten als auch nach dem zweiten Wurf werden zunächst alle eventuell vorhandenen Mehrlinge auf Einlinge reduziert. Von diesen Augenzahlen werden auf jeden Fall – falls vorhanden – die 2, 3, 4 und 5 behalten. Ist sowohl eine 1 als auch eine 6 vorhanden, wird entweder die 1 oder die 6 behalten. Dann wird jeweils die Anzahl der noch vorhandenen Einlinge bestimmt.

Nach dem ersten Wurf gelten dann die weiteren Regeln:

- Bei einer großen Straße ist man am Ziel.
- Bei einer kleinen Straße wird diese komplett behalten.
- Bei vier Einlingen wird eine eventuell vorhandene 1 oder 6 behalten.
- Bei drei Einlingen wird eine eventuell vorhandene 1 oder 6 verworfen.
- Bei zwei Einlingen wird eine eventuell vorhandene 1 oder 6 verworfen.
- Bei einem Einling wird eine eventuell vorhandene 1 oder 6 verworfen. Es wird dann also komplett neu gewürfelt.

Nach dem zweiten Wurf gelten die gleichen Regeln bis auf diese eine Ausnahme: Bei drei Einlingen kann eine eventuell vorhandene 1 oder 6 entweder behalten oder verworfen werden.

Die aus dieser optimalen Strategie resultierende Wahrscheinlichkeit ist etwa 26,110 %. Und daraus ergibt sich eine mittlere Punktzahl von 26,110 % · 40 = 10,444.

Bei der kleinen Straße ist es zu mühselig und fehlerträchtig, alle sinnvollen Strategien per Hand zu untersuchen, um die optimale Strategie zu bestimmen. Deshalb habe ich ein Computerprogramm geschrieben, das für jede Situation im Kniffelspiel die optimale Strategie und für jede Strategie die noch zu erwartende Punktzahl exakt berechnen kann. Im weiteren Verlauf dieses Kapitels skizziere ich, wie das Programm aufgebaut ist. Für die kleine Straße in drei Würfen errechnet es die erstaunlich hohe Wahrscheinlichkeit von 61,544 % und die mittlere Punktzahl von 61,544 % · 30 ≈ 18,463. Die dafür erforderliche optimale Strategie ist kompliziert. Sie finden sie auf meiner Web-Seite:

http://www.brefeld.homepage.t-online.de/kniffel.html

Für den Kniffel, das Full House, die große und die kleine Straße ist es egal, ob wir die Strategie für die größte Wahrscheinlichkeit oder für die größte mittlere Punktzahl suchen. Beide sind nämlich gleich, weil hier Wahrscheinlichkeit und mittlere Punktzahl über eine feste Punktzahl gekoppelt sind.

Das ist beim Dreier- und beim Viererpasch anders. Die Strategie, möglichst häufig einen Pasch zu erzielen, unterscheidet sich deutlich von der, die im Mittel möglichst viele Punkte einbringt. Und natürlich suchen wir für das Kniffelspiel diejenige Strategie, mit der wir möglichst viele Punkte bekommen. Erstaunlicherweise findet mein Kniffelprogramm dabei Regeln, die dem gesunden Menschenverstand widersprechen.

Hätten Sie zum Beispiel gedacht, dass man beim Dreierpasch den Drilling 111 verwerfen muss, wenn man nach dem ersten

Wurf das Full House 11133 erzielt? Das gilt auch für 11144, 11155 und 11166. Man muss also einen schon vorhandenen Dreierpasch wieder zerstören in der Hoffnung, mit dem Zwilling einen besseren zu erreichen. Beim Full House 11122 dagegen sollte man den Drilling aus Einsen behalten.

Auch beim Viererpasch kann es vorkommen, dass man nach dem ersten Wurf nur den Zwilling eines Full House behalten darf. Das gilt für die Kombinationen 11144, 11155 und 11166. Das Zerstören des Drillings ist hier noch verblüffender, weil man mindestens einen Vierling braucht, um überhaupt Punkte zu bekommen.

Das Kniffelprogramm errechnet bei optimaler Strategie eine mittlere Punktzahl von 15,195 für den Dreierpasch und 5,611 für den Viererpasch.

Jetzt kommen wir zu der Kategorie, die man immer erreichen kann, nämlich der Chance. Hier kann man sich ganz auf das Sammeln von Punkten konzentrieren. Bei der Chance sind 5 Punkte garantiert und maximal 30 erreichbar.

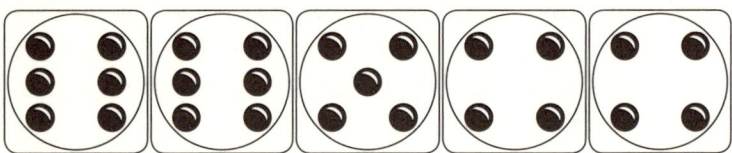

Wie geht man optimal vor, und welche mittlere Punktzahl ergibt sich daraus? Zum Glück sind die Überlegungen dazu ziemlich einfach.

Zur Berechnung der mittleren Punktzahl für die optimale Strategie bei der Chance braucht man zunächst nur einen Würfel zu betrachten. Denn die Augenzahl eines jeden der 5 Würfel muss ja unabhängig von denen der anderen optimiert werden.

Hat man nur einen Wurf mit einem Würfel, beträgt die mittlere Punktzahl:

$$\frac{1+2+3+4+5+6}{6} = \frac{21}{6} = 3,5$$

Denn die Wahrscheinlichkeit ist für alle Augenzahlen gleich. Darf man zweimal würfeln, so ist die Wahrscheinlichkeit beim ersten Wurf 50 %, eine 1, 2 oder 3 zu bekommen. In diesem Fall wird man noch einen zweiten Wurf machen, da man dann im Mittel mehr als 3 Punkte erwarten kann, nämlich die eben erwähnten 3,5 Punkte. Würfelt man dagegen eine 4, 5 oder 6, macht es keinen Sinn, weiterzumachen, weil man im zweiten Wurf im Mittel weniger als 4 Punkte bekäme. Insgesamt beträgt die mittlere Punktzahl bei maximal 2 Würfen also

$$50\,\% \cdot \frac{1+2+3+4+5+6}{6} + 50\,\% \cdot \frac{4+5+6}{3}$$

$$= 0,5 \cdot 3,5 + 0,5 \cdot 5 = 4,25$$

Darf man dagegen wie beim Kniffelspiel dreimal würfeln, erhält man beim ersten Wurf mit einer Wahrscheinlichkeit von $\frac{4}{6}$ eine 1, 2, 3 oder 4. In diesem Fall wird man weitermachen, weil man bei noch zwei weiteren Versuchen im Mittel ja die eben berechneten 4,25 Punkte erwarten kann. Dagegen wird man sofort aufhören, wenn man mit einer Wahrscheinlichkeit von $\frac{2}{6}$ eine 5 oder 6 bekommen hat. Die mittlere Punktzahl bei drei Würfen ist somit

$$\frac{4}{6} \cdot 4,25 + \frac{2}{6} \cdot \frac{5+6}{2} = \frac{14}{3} \approx 4,667$$

Für alle 5 Würfel erhält man dann bei optimaler Strategie die mittlere Punktzahl

$$5 \cdot \frac{14}{3} = \frac{70}{3} \approx 23,333$$

Wie gewinne ich beim Kniffeln?

Die optimale Strategie für die Chance lautet also:

- Nach dem ersten Wurf werden nur die Fünfen und Sechsen behalten.
- Nach dem zweiten Wurf werden die Vieren, Fünfen und Sechsen behalten.

Übrig sind jetzt noch die Kategorien Einser bis Sechser. Die optimale Strategie hierzu ist einfach. Man behält natürlich immer nur die Augenzahlen, die zur angestrebten Kategorie gehören. Als Beispiel für die Berechnung der mittleren Punktzahl nehmen wir die Einser. Man braucht auch hier nur einen Würfel zu betrachten, denn die einzelnen Würfel tragen wie bei der Chance unabhängig voneinander zur Gesamtpunktzahl bei. Die Wahrscheinlichkeit, bei drei Versuchen keine Eins zu erzielen, ist gleich $(\frac{5}{6})^3$ oder $\frac{125}{216}$. Deshalb ist die Wahrscheinlichkeit, bei maximal drei Würfen eine Eins zu erzielen, gleich

$$1 - (\frac{5}{6})^3 = \frac{216}{216} - \frac{125}{216} = \frac{91}{216} \approx 42{,}130\,\%.$$

Für alle 5 Würfel erhält man dann die mittlere Punktzahl

$$5 \cdot \frac{91}{216} = \frac{455}{216} \approx 2{,}1065$$

Dieser Wert ist dann für die Zweier bis Sechser zweimal bis sechsmal so groß. Für die Sechser ergibt sich demnach eine mittlere Punktzahl von ungefähr 12,639.

Sie werden sich jetzt vielleicht fragen, warum ich den Bonus von 35 Punkten bisher nicht erwähnt habe. Wenn man in diesen 6 Kategorien zusammen mindestens 63 Punkte erzielt, erhält man den Bonus zusätzlich gutgeschrieben. Der Grund dafür ist, dass alle bisherigen Überlegungen nur für die Optimierung einer einzigen Kategorie gelten. Das ist normalerweise nur in der letzten Runde im Kniffel-Spiel der Fall, wenn nur noch eine Kategorie offen ist. Aber Sie haben gesehen, dass selbst diese einfachen Strategien teilweise sehr schwierig zu finden sind.

Alle weiteren Strategien beim Kniffel kann man deshalb auch nicht mehr von Hand bestimmen. Aber bevor ich Sie vielleicht zum Staunen bringe mit dem, was ein Computer-Programm leisten kann und welche Ergebnisse es hervorbringt, möchte ich noch einen kurzen Zwischenstopp einlegen. Die Strategien für zwei offene Kategorien bergen nämlich noch etwas Neues. Viele Spieler, vielleicht sogar die meisten, überlegen nach jedem Wurf, wie sie durch geschicktes Behalten von Würfeln eine bestimmte Kategorie optimal erreichen können. Von Wurf zu Wurf kann sich also die Strategie durchaus ändern. Aber wohl nur wenige Spieler optimieren gegebenenfalls auf zwei oder mehr Kategorien gleichzeitig.

Ich gebe Ihnen ein einfaches Beispiel für so eine gemischte Strategie bei zwei noch offenen Kategorien. Bei 13 Kategorien gibt es ja $\binom{13}{2} = \frac{13 \cdot 12}{2} = 78$ Kombinationen von zwei Kategorien. Nehmen wir die Kombination der Kategorien Fünfer und Sechser. Sie befinden sich in der vorletzten Runde und der Bonus soll keine Rolle spielen. Nach dem ersten Wurf haben Sie 11156. Wenn Sie auf nur eine Kategorie optimieren, dann müssen Sie entweder nur die 5 oder nur die 6 behalten. Das ist aber falsch. Sie müssen nämlich sowohl die 5 als auch die 6 behalten. Man kann und muss sich dadurch die Entscheidung für eine bestimmte Kategorie noch offen halten. Nun werden Sie vielleicht denken, dass das deshalb richtig sei, weil man ja noch zwei Würfe bis zur Entscheidung frei hat. Aber auch das ist falsch. Sollten Sie das Pech haben, nach dem zweiten Wurf wieder 11156 vor sich liegen zu haben, müssen Sie wieder genauso entscheiden, also 5 und 6 behalten. Bei 11156 nach dem dritten

Wurf tragen Sie dann die eine 5 bei den Fünfern ein und optimieren in der letzten Runde dann nur noch für die Sechser. Das ist schon verblüffend, oder?

Wie sieht nun mein Computer-Programm aus, das für alle Situationen beim Kniffel-Spiel die optimale Strategie für eine möglichst hohe Punktzahl angibt? Bevor man mit dem Programmieren beginnt, muss man sich überlegen, wie viele grundlegende Spielzustände es beim Kniffel-Spiel gibt. Vor jeder Spielrunde kann jede der 13 Kategorien auf dem Spielzettel noch offen oder schon ausgefüllt sein. Für jede Kategorie gibt es also 2 Möglichkeiten, für alle 13 zusammen kommt man auf $2^{13} = 8192$ Möglichkeiten. Zusätzlich ist bei jedem dieser 8192 Spielzustände wichtig, wie viele Punkte für den Bonus schon gesammelt worden sind. Hier gibt es 64 Möglichkeiten, nämlich 0, 1, 2, …, 62 und 63 oder mehr Punkte. Ob man 63 Punkte hat oder mehr, macht ja für die weitere optimale Strategie keinen Unterschied. Wichtig ist hier nur, dass der Bonus und damit die 35 Punkte sicher sind. Insgesamt gibt es also $8192 \cdot 64 = 524\,288$ grundlegende Spielzustände.

Mein Kniffel-Programm berechnet zunächst die 13 Erwartungswerte – also die mittleren Punktzahlen – für die 13. und damit letzte Kniffel-Runde, wenn also jeweils nur noch eine der 13 Kategorien offen ist. Hier werden also zum Beispiel die schon erwähnten mittleren Punktzahlen für die kleine Straße, den Dreier- und den Viererpasch bestimmt. Dazu untersucht das Programm alle in einer Runde möglichen Spielsituationen. In jeder Runde wird ja maximal dreimal gewürfelt, wobei jeweils 252 Ergebnisse möglich sind. Dann wird maximal zweimal behalten. Hier hat man maximal $2^5 = 32$ Möglichkeiten, und zwar dann, wenn alle fünf Würfel verschiedene Augenzahlen haben. In diesem Fall kann man ja jeden Würfel entweder behalten oder verwerfen. Schließlich gibt es am Ende jeder Runde maximal

13 Möglichkeiten, das Würfelergebnis bei einer noch offenen Kategorie einzutragen.

Als Nächstes nimmt sich das Programm die vorletzte Runde vor. Hier sind ja noch zwei Kategorien offen. Deshalb muss das Programm hier die schon erwähnten 78 Kombinationen von jeweils zwei Kategorien bewältigen. Allerdings muss es zur Berechnung der jeweiligen Erwartungswerte auch die jeweils noch ausstehenden 13. Runden berücksichtigen. Hier erweist es sich als sehr nützlich, dass das Programm auf die schon berechneten 13 Erwartungswerte für nur eine offene Kategorie zurückgreifen kann. Entsprechend stützt sich das Kniffel-Programm zur Berechnung der Erwartungswerte für die 286 Kombinationen in der 11. Runde bei drei noch offenen Kategorien auf die schon bestimmten mittleren Punktzahlen der beiden letzten Runden. Auf diese Weise arbeitet es sich schrittweise von hinten nach vorne, bis es schließlich am Beginn des Spiels ankommt, wo noch alle 13 Kategorien offen sind. Der Trick, rückwärts zu rechnen, spart enorm Rechenzeit, weil man immer wieder auf schon vorhandene Ergebnisse zurückgreifen kann. Wie viele Kombinationen in den jeweiligen Kniffel-Runden vom Programm untersucht werden müssen, sehen Sie hier:

nach Runde 13: $\binom{13}{0} = 1$ Kombination

13. Runde: $\binom{13}{1} = 13$ Kombinationen

12. Runde: $\binom{13}{2} = 78$ Kombinationen

11. Runde: $\binom{13}{3} = 286$ Kombinationen

10. Runde: $\binom{13}{4} = 715$ Kombinationen

Wie gewinne ich beim Kniffeln?

9. Runde: $\binom{13}{5}$ = 1287 Kombinationen

8. Runde: $\binom{13}{6}$ = 1716 Kombinationen

7. Runde: $\binom{13}{7}$ = 1716 Kombinationen

6. Runde: $\binom{13}{8}$ = 1287 Kombinationen

5. Runde: $\binom{13}{9}$ = 715 Kombinationen

4. Runde: $\binom{13}{10}$ = 286 Kombinationen

3. Runde: $\binom{13}{11}$ = 78 Kombinationen

2. Runde: $\binom{13}{12}$ = 13 Kombinationen

1. Runde: $\binom{13}{13}$ = 1 Kombination

Die eine Kombination nach der 13. Runde bezeichnet den Zustand, bei dem keine Kategorie mehr offen, das Spiel also zu Ende ist. Als Summe aller Kombinationen erhalten wir wieder die 8192 Spielzustände, die wir schon auf andere Weise berechnet haben. Wegen der verschiedenen möglicherweise schon erreichten Bonuspunkte errechnet das Kniffel-Programm allerdings für jede dieser 8192 Kombinationen nicht nur einen, sondern 64 Erwartungswerte. Von den also insgesamt 524 288 Erwartungswerten ist der für die erste Runde mit 0 Bonus-Punkten besonders interessant. Er gibt nämlich an, wie viele Punkte wir beim Kniffel-Spiel bei optimaler Strategie im Mittel erwarten können. Wenn man beim Kniffel von maximal 375 möglichen Punkten – ohne Bonus-Regel für mehrfache Kniffel und ohne Verwendung eines Kniffels als Joker – ausgeht, erzielt man laut

Kniffel-Programm im Mittel etwa 245,871 Punkte. Wenn Sie schon öfter Kniffel gespielt und die Ergebnisse noch nicht weggeworfen haben, können Sie ja mal nachschauen, welche mittlere Punktzahl Sie ungefähr geschafft haben. Dann bekommen Sie ein Gefühl dafür, wie weit Sie bei Ihrer Spielweise von dieser mittleren Punktzahl entfernt sind.

Bisher hat das Kniffel-Programm zwar Punktzahlen, aber keine Strategien geliefert. Dafür habe ich ein zweites Programm geschrieben. Es stützt sich auf die vom ersten Programm errechneten 524 288 Erwartungswerte, um für jede Spielsituation die optimale Strategie zu bestimmen. Wie schon im ersten Programm müssen auch hier alle Möglichkeiten innerhalb einer Runde bestimmt und dann mit Hilfe der 524 288 Erwartungswerte durchgerechnet und verglichen werden. Als Ergebnis liefert das Programm genaue Anweisungen für das optimale Behalten oder Eintragen eines Würfelergebnisses in jeder Spielsituation. Folgt man diesen Anweisungen, spielt man optimal. Das Programm listet außerdem auch alle anderen Strategien auf und bewertet sie. Man kann es auch als Trainingsprogramm benutzen. Dann lässt es den Spieler entscheiden und teilt ihm danach mit, was die optimale Strategie gewesen wäre und wie viele Punkte er durch die eventuell falsche Entscheidung verloren hat.

Ich möchte Ihnen die interessantesten optimalen Strategien für die erste Runde, die das Kniffel-Programm berechnet hat, nicht vorenthalten. Wie verblüffend Sie sie finden, hängt natürlich auch von Ihrer Erfahrung als Kniffel-Spieler ab.

- Wenn Sie auf Anhieb eines der 30 Full House unter den 252 möglichen Kniffel-Kombinationen erzielen, so müssen Sie es in 25 Fällen wieder zerstören und dürfen nur den entsprechenden Drilling behalten. Nur 11122, 11133, 11144, 11155 und 11166 dürfen Sie behalten und auch als Full House eintragen.

- Wenn Sie nach dem dritten Wurf der ersten Runde doch wieder ein Full House besitzen, so dürfen Sie es sogar in einem Fall nicht als Full House eintragen. Das Full House 55666 müssen Sie nämlich bei optimaler Spielweise als Dreierpasch verbuchen.

- Wenn Sie beim ersten Wurf eine der 14 möglichen «echten» kleinen Straßen würfeln, so müssen Sie sie in 6 Fällen (12334, 12344, 33456, 34456, 34556 und 34566) wieder zerstören und nur den dann vorhandenen Zwilling behalten. Haben Sie so etwas schon einmal gemacht? Ahnen Sie, warum es dagegen zum Beispiel bei 23345 besser ist, die kleine Straße 2345 zu behalten?

- Verblüffend ist schließlich auch, dass keiner der 30 Viererpaschs als Viererpasch verbucht werden darf, sondern als Vierling bei den Einsern bis Sechsern. Das Programm erkennt, dass die Punktzahl des entsprechenden Vierlings zusammen mit der erhöhten Aussicht auf den Bonus mehr bringt als ein Eintrag als Viererpasch.

Man kann also tatsächlich mit Hilfe dieses Kniffel-Programms für alle möglichen Spielsituationen optimale Strategien für eine möglichst große mittlere Punktzahl berechnen. Und das sind meistens auch jene Situationen, die in einem Kniffel-Spiel mit mehreren Personen stattfinden. Die Spieler kennen nämlich normalerweise den aktuellen Punktestand der Mitspieler nicht und müssen deshalb versuchen, möglichst viele Punkte zu erreichen. Am Ende des Spiels werden dann die Punkte verglichen und der Spieler mit der größten Punktzahl ist der Sieger.

Was aber wäre, wenn jeder Spieler zu jeder Zeit nicht nur seinen eigenen Punktestand, sondern auch den seiner Mitspieler genau kennen würde? Die Spieler müssten dann einer anderen optimalen Strategie folgen. Ich zeige Ihnen das an einem extremen Beispiel mit zwei Spielern: Angenommen, der Führende hätte vor der letzten Runde 29 Punkte Vorsprung vor dem anderen Spieler und kann nur noch beim Kniffel eintragen. Der andere Spieler hat nur noch die Chance offen. Er darf dann nur die Sechsen behalten, in der kleinen Hoffnung, 30 Punkte bei der Chance eintragen zu können und in der Hoffnung, dass dem Führenden der Kniffel nicht gelingt. Diese Strategie unterscheidet sich offensichtlich von der, die ich für die Chance erläutert habe.

Allerdings kann man kein Programm schreiben, das für alle solchen Spielsituationen die optimale Strategie berechnet. Es gibt hier einfach zu viele Möglichkeiten. Ein entscheidendes Problem ist, dass sich die Anzahl der möglichen Spielsituationen und damit die Rechenzeit mit jeder Spielrunde vervielfacht. Die Schachspieler befinden sich in einer ähnlichen Lage. Es gibt auch kein Schachprogramm, das annähernd in der Lage wäre, für jede Stellung auf dem Schachbrett den optimalen Zug zu berechnen. Aber es ist schon verblüffend, dass ein Computer-Programm die optimale Strategie für das Kniffel-Spiel, so wie es die meisten Menschen spielen, exakt berechnen kann.

Damit möchte ich die Abenteuerreise durch das Kniffel-Land beenden. Ich hoffe, Sie haben Spaß an der Mathematik des Kniffel-Spiels gehabt und auch einige Anregungen und Tipps für Ihre nächsten Kniffel-Runden gewonnen.

Ein Seil um den Äquator

Ein Seil wird straff um den Äquator gespannt und anschließend um 1 Meter verlängert. Wie hoch kann man das Seil nun an einer Stelle ziehen, bis es wieder straff wird, wenn man für den Radius der Erde eine Länge von 6378 Kilometern annimmt?

Auflösung auf Seite 217

IV. Auflösung der Mathematikrätsel

Das Geheimnis der Lücke

Bei diesem Rätsel kommt man entweder relativ schnell auf die Lösung oder man beginnt, an Magie zu glauben. Wenn man sich die Puzzleteile genau anschaut, dann stellt man schnell ernüchtert fest, dass sie genau gleich sind. Auch die Breite und Höhe der beiden Figuren sind genau gleich. Der Trick besteht in der Form der beiden Figuren. Abgesehen von der Lücke sind beide Figuren Dreiecke, oder? Aber das ist eine optische Täuschung. Entgegen dem Anschein ist weder die obere Figur ein Dreieck, noch ist die untere Figur ein Dreieck mit Lücke. Die obere «Seite» knickt nämlich bei der oberen Figur nach oben und bei der unteren Figur nach unten. Man kann leicht nachrechnen, dass die Steigungen der beiden Puzzle-Dreiecke nicht gleich sind. Das größere Dreieck ist 8 Einheiten breit und rechts 3 Einheiten hoch. Die Steigung dieses Dreiecks ist also $\frac{3}{8} = 0{,}375$. Das kleinere Dreieck ist 5 Einheiten breit und rechts 2 Einheiten hoch. Hier ist die Steigung $\frac{2}{5} = 0{,}400$ und damit etwas größer. Bei der oberen Figur liegt das Dreieck mit der kleineren Steigung unten links und das Dreieck mit der größeren Steigung oben rechts. Bei der unteren Figur ist es umgekehrt. Dadurch wird hier mehr Fläche verbraucht, die durch die Lücke wegen der Flächenerhaltung wieder eingespart werden muss. Der Knickwinkel in beiden Figuren ist jeweils 1,245 Grad. Dazu berechnet man zunächst die Steigungswinkel der beiden Dreiecke aus dem Arkustangens der jeweiligen Steigungen. Anschießend bildet man die Differenz der Steigungswinkel:

$$\arctan(0{,}400) - \arctan(0{,}375) \approx 21{,}801° - 20{,}556° = 1{,}245°$$

Auch mit einer Flächenberechnung kann man die optische Täuschung aufdecken. Die beiden rechtwinkligen Dreiecke haben eine Fläche von $\frac{8 \cdot 3}{2} = 12$ bzw. $\frac{5 \cdot 2}{2} = 5$ Quadraten. Die beiden übrigen Teile sind 7 bzw. 8 Quadrate groß. Insgesamt beträgt die Fläche der Puzzleteile also 12 + 5 + 7 + 8 = 32 Quadrate. Wäre die obere Figur wirklich ein rechtwinkliges Dreieck, dann hätte sie eine Fläche von $\frac{13 \cdot 5}{2} = 32{,}5$ Quadraten. Auch dieser Vergleich zeigt, dass die beiden Figuren keine Dreiecke sind.

Nachdem nun leider nichts von der erwähnten Magie übrig geblieben ist, möchte ich Sie aber wenigstens mit zwei weiteren schönen geometrischen Figurenpaaren erfreuen, die auf derselben optischen Täuschung beruhen. In der folgenden Abbildung ist der Knickwinkel mit 1,397 Grad nur wenig größer. Stattdessen sind aber sogar zwei Puzzleteile gleich.

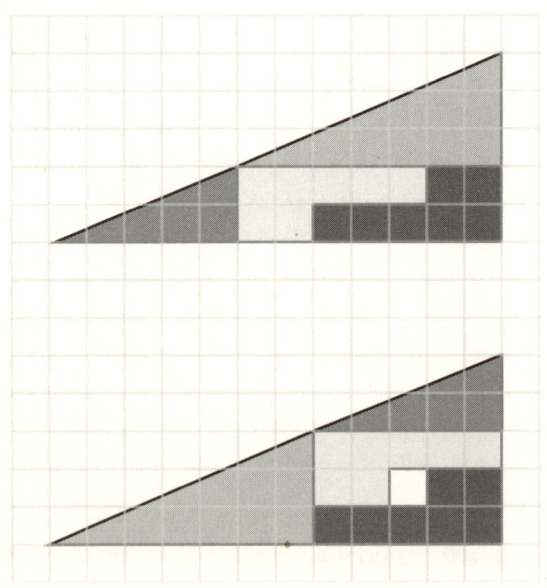

Die letzte Abbildung zeigt schließlich eine Figur mit einem Knickwinkel von nur 0,764 Grad. Der Knick ist also noch schwerer zu erkennen als bei den beiden anderen Figuren. Dafür sind aber jeweils zwei Puzzleteile etwas komplizierter geformt.

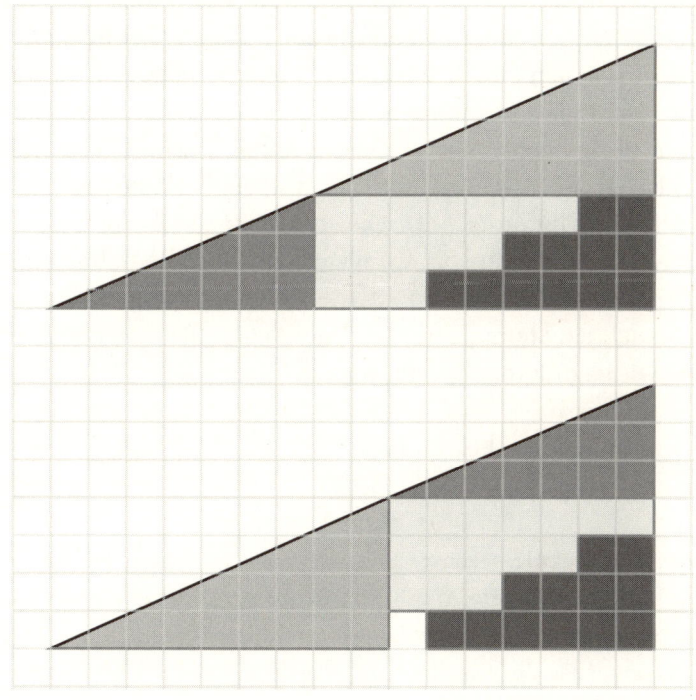

Drei Räuber teilen ihre Beute

Mit ein wenig Logik kann man das Ergebnis herausfinden. Wenn alle Räuber gleich viel bekämen, wäre das jeweils ein $\frac{1}{3}$ der Beute. Weil Axel aber mehr als Ole und mehr als Uwe bekommen soll, muss sein Anteil entweder $\frac{1}{1}$ oder $\frac{1}{2}$ betragen. Er kann aber nicht alles bekommen, weil dann für die anderen nichts mehr übrig bliebe. Also muss sein Anteil $\frac{1}{2}$ sein. Bekämen die beiden anderen Räuber von der restlichen Hälfte jeweils die Hälfte, wäre ihr Anteil $\frac{1}{4}$. Da Ole aber mehr als Uwe und weniger als Axel bekommen soll, kann sein Anteil nur $\frac{1}{3}$ betragen. Für Uwe bleibt dann nur $1 - \frac{1}{2} - \frac{1}{3} = \frac{6}{6} - \frac{3}{6} - \frac{2}{6} = \frac{1}{6}$ übrig, was tatsächlich auch ein Stammbruch ist. Damit kann die Beute eindeutig und wie gefordert aufgeteilt werden.

Die drei Räuber bekommen demnach $\frac{1}{2}$, $\frac{1}{3}$ und $\frac{1}{6}$ von der Beute.

Welches Ergebnis bekämen wir, wenn wir versuchen würden, das Rätsel für eine andere Anzahl von Räubern zu lösen? Wenn es sich nur um einen Räuber handelt, bekommt dieser natürlich $\frac{1}{1}$ = 100 % und damit alles. Bei zwei Räubern wäre der Anteil für jeden Räuber $\frac{1}{2}$, wenn beide gleich viel bekämen. Da der erste Räuber aber mehr bekommen soll, müsste er $\frac{1}{1}$ bekommen. Der zweite Räuber bekäme dann aber nichts, was den Regeln widerspricht. Für zwei Räuber gibt es also gar keine Lösung! Bei vier Räubern gibt es 6 Möglichkeiten, die Beute aufzuteilen:

$$\frac{1}{2} + \frac{1}{3} + \frac{1}{7} + \frac{1}{42} = 1$$

$$\frac{1}{2} + \frac{1}{3} + \frac{1}{8} + \frac{1}{24} = 1$$

$$\frac{1}{2} + \frac{1}{3} + \frac{1}{9} + \frac{1}{18} = 1$$

$$\frac{1}{2} + \frac{1}{3} + \frac{1}{10} + \frac{1}{15} = 1$$

$$\frac{1}{2} + \frac{1}{4} + \frac{1}{5} + \frac{1}{20} = 1$$

$$\frac{1}{2} + \frac{1}{4} + \frac{1}{6} + \frac{1}{12} = 1$$

Wenn Sie noch zusätzlich etwas knobeln möchten, können Sie diese 6 Lösungen mit den 7 Lösungen beim Rätsel über die Aufteilung einer Erbschaft vergleichen. Warum stimmen 5 Lösungen überein und warum gibt es beim Erbschaftsrätsel 2 und bei diesem Rätsel 1 zusätzliche abweichende Lösung?

Fünf Räuber haben schon 72 Möglichkeiten, die fünf verschiedenen Stammbrüche so zu kombinieren, dass ihre Summe 1 ergibt. Hier ist eine kleine Auswahl:

$$\frac{1}{2} + \frac{1}{3} + \frac{1}{7} + \frac{1}{43} + \frac{1}{1806} = 1$$

$$\frac{1}{2} + \frac{1}{3} + \frac{1}{7} + \frac{1}{78} + \frac{1}{91} = 1$$

$$\frac{1}{2} + \frac{1}{3} + \frac{1}{14} + \frac{1}{15} + \frac{1}{35} = 1$$

$$\frac{1}{2} + \frac{1}{4} + \frac{1}{10} + \frac{1}{12} + \frac{1}{15} = 1$$

$$\frac{1}{3} + \frac{1}{4} + \frac{1}{5} + \frac{1}{6} + \frac{1}{20} = 1$$

Die Anzahl der Möglichkeiten explodiert also mit steigender Anzahl der Räuber. Nur mit drei Räubern kann man deshalb ein verblüffendes Rätsel formulieren.

Zerteilen einer Schokolade

Wenn Sie versuchen, die Schokolade auf verschiedene Weise in 24 Einzelstücke zu zerteilen, werden Sie feststellen, dass Sie dafür immer 23 Brechungen brauchen. Ist 23 also die Lösung? Und wenn ja, warum sind es immer 23 Brechungen? Die Auflösung dieses Rätsels ist so einfach wie verblüffend. Egal wie Sie vorgehen, zerteilen Sie mit jeder Brechung 1 Schokoladenteil in 2 Teile. Die Anzahl der Teile nimmt also mit jeder Brechung immer um 1 zu. Da Sie mit einem Teil, nämlich der ganzen Tafel, anfangen, ist die Anzahl der Brechungen immer um 1 kleiner als die Anzahl der Teile. Sie brauchen also tatsächlich immer 23 Brechungen, um die Tafel in die 24 Einzelstücke zu zerteilen.

Das Schachbrett und die Euromünzen

Dieses Rätsel ist eine Abwandlung des berühmten Rätsels, in dem Reiskörner auf das Schachbrett gelegt werden. Es ging dabei um die Gesamtmenge an Reis, während es hier um die Höhe des Turms aus Euromünzen geht. Auf dem ersten Feld liegt $2^0 = 1$ Euromünze, auf dem zweiten Feld $2^1 = 2$ Euromünzen, auf dem dritten Feld $2^2 = 4$ Euromünzen, und schließlich befinden sich auf dem 64. Feld 2^{63} Euromünzen. Die Anzahl der Euromünzen pro Feld wächst also exponentiell an. Insgesamt sind dann auf dem Schachbrett

$$2^0 + 2^1 + 2^2 + \ldots + 2^{63} = 2^{64} - 1 = 18\,446\,744\,073\,709\,551\,615$$

Euromünzen. Stapelt man diese Euromünzen übereinander, bekommt man einen Turm der Höhe

$$18\,446\,744\,073\,709\,551\,615 \cdot 2{,}33 \text{ Millimeter}$$

$$\approx 42{,}98 \text{ Trillionen Millimeter} = 42{,}98 \text{ Billionen Kilometer}$$

Dieser Turm ist so extrem hoch, dass man eine Längenangabe in Kilometern nicht einordnen kann. Denn diese Höhe bewegt sich in astronomischen Dimensionen. Deshalb sollte man sie besser in Lichtjahren ausdrücken. Ein Lichtjahr ist die Strecke, die das Licht in einem Jahr zurücklegt. In einer Sekunde legt das Licht etwa 299 792 Kilometer zurück. Weil ein Tag $24 \cdot 60 \cdot 60 = 86\,400$ Sekunden hat, sind das pro Tag

$$86\,400 \cdot 299\,792 \text{ Kilometer} \approx 25{,}902 \text{ Milliarden Kilometer}$$

Bei einer mittleren Jahreslänge von etwa 365,25 Tagen schafft das Licht pro Jahr

365,25 · 25,902 Milliarden Kilometer

$\approx 9,46$ Billionen Kilometer.

Für die Höhe des Turms von 42,98 Billionen Kilometern braucht das Licht also etwa 4,54 Jahre. Alpha Centauri, der nächste Fixstern, ist etwa 4,4 Lichtjahre von der Erde entfernt. Der Turm aus Euromünzen hätte also eine derart gewaltige Höhe, dass er sogar etwas weiter als bis zum nächsten Fixstern reichen würde. Dabei ist Alpha Centauri schon fast 300 000-mal so weit von der Erde entfernt wie die Sonne und mehr als 100 000 000-mal so weit wie der Mond. Dieser Vergleich zeigt eindrucksvoll die Geschwindigkeit des exponentiellen Wachstums.

Abdeckung einer Kreisscheibe

Eine kleine Kreisscheibe mit halbem Durchmesser hat genau ein Viertel der Fläche der großen Kreisscheibe. Deshalb glauben Sie vielleicht, dass 5 oder höchstens 6 kleine Kreisscheiben ausreichen, um die große Kreisscheibe abzudecken. Haben Sie sich das Vergnügen gegönnt, Kreisscheiben aus Papier oder Pappe auszuschneiden, um der Lösung des Rätsels auch durch Probieren näherzukommen? Wenn Sie dann auch mit 6 kleinen Kreisscheiben gescheitert sind und es schließlich geschafft haben, mit 7 kleinen Kreisscheiben die große abzudecken, dann haben Sie die Lösung gefunden.

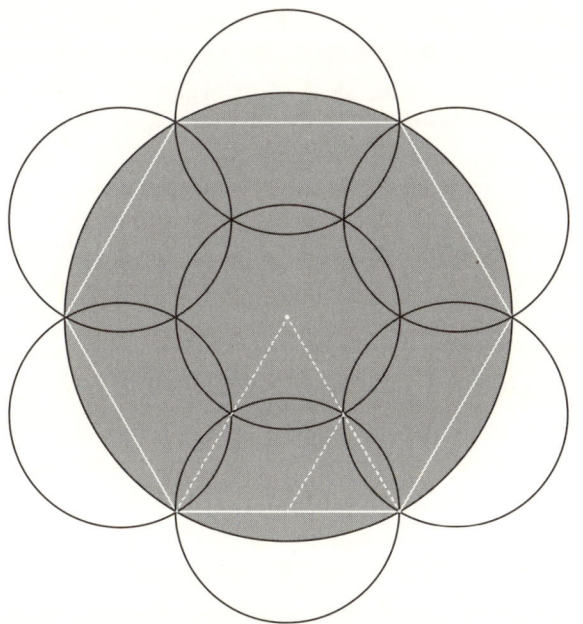

Um zu zeigen, dass es sich wirklich um eine Lösung handelt und zwar um die einzig mögliche, müssen wir einige einfache geometrische Überlegungen anstellen. Die Abbildung soll dabei helfen. Wenn man auf der großen Kreisscheibe ein regelmäßiges Sechseck einzeichnet, dessen Ecken den Rand der Scheibe berühren, dann ist die Seitenlänge dieses Sechsecks gleich dem Radius der Kreisscheibe. Das liegt daran, dass man dieses Sechseck in 6 gleichseitige Dreiecke aufteilen kann. Diese Dreiecke sind gleichseitig, weil die Winkel an den im Mittelpunkt liegenden Ecken $\frac{360°}{6} = 60°$ betragen und zwei Seiten die Länge des Radius der großen Kreisscheibe haben. Die 6 Ecken des regelmäßigen Sechsecks unterteilen nun den Rand der Kreisscheibe in 6 gleiche Kreisbögen. Um diese Kreisbögen und damit den ganzen Rand abzudecken, benötigt man 6 Kreisscheiben mit dem halben Durchmesser, deren Mittelpunkte auf den Seitenmitten des Sechsecks liegen. Diese 6 kleinen Kreisscheiben decken allerdings nicht den Mittelpunkt der großen Kreisscheibe ab. Dazu benötigt man eine siebte zentral gelegene Kreisscheibe mit einem Radius, der mindestens bis zum innen gelegenen Schnittpunkt der Ränder zweier benachbarter kleiner Kreisscheiben reichen muss.

Um den benötigten Radius zu bestimmen, schaut man sich noch einmal die eben erwähnten regelmäßigen Sechsecke an. Jeweils eine der drei Dreieckseiten ist ja mit einer Sechseckseite identisch. Die Schnittpunkte der Ränder der kleinen Kreisscheiben liegen auf den übrigen Dreieckseiten. Wie auf der Zeichnung zu sehen ist, bildet ein solcher Schnittpunkt mit dem Mittelpunkt und einem Endpunkt einer benachbarten Sechseckseite ein kleines Dreieck, welches nach Konstruktion zwei gleich lange Seiten und einen Innenwinkel von 60 Grad besitzt. Deshalb handelt es sich ebenfalls um ein gleichseitiges Dreieck. Die Seitenlänge ist gleich dem Radius einer kleinen Kreisscheibe. Daraus folgt, dass sich die innen gelegenen Schnittpunkte der Ränder der kleinen Kreisscheiben genau auf einer Seitenmitte eines der 6 großen Dreiecke befinden. Eine siebte zentral gelegene kleine Kreisscheibe reicht also gerade aus, um den Rest der großen Kreisscheibe abzudecken.

Es sind damit 7 Kreisscheiben mit dem halben Durchmesser nötig, um die große Kreisscheibe abzudecken.

Da eine kleine Kreisscheibe niemals gleichzeitig den Mittelpunkt und Teile des Randes der großen Kreisscheibe abdecken kann, ist diese Lösung die einzige.

Im Gegensatz dazu kann man das Sechseck schon mit 6 kleinen Kreisscheiben abdecken. Dazu unterteilt man das Sechseck wieder in 6 gleichseitige Dreiecke und platziert die Mittelpunkte der kleinen Kreisscheiben auf die Mittelpunkte der Dreieckseiten, die nicht mit den Seiten des Sechsecks übereinstimmen. Diese Kreisscheiben decken jeweils eine Ecke und den Mittelpunkt des Sechsecks ab. Dass sie zusätzlich jeweils genau die Hälfte von zwei benachbarten Seiten des Sechsecks abdecken, kann mit ähnlichen Argumenten gezeigt werden.

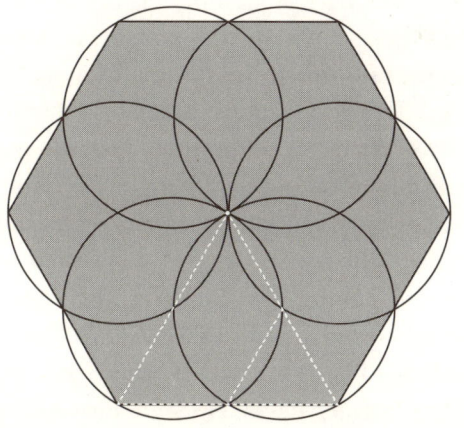

Auflösung: Abdeckung einer Kreisscheibe

Aufteilung eines Kuchens
unter drei Kindern

Wenn ein Kuchen unter mehreren Kindern aufgeteilt werden soll, kommt es immer wieder zu Problemen. Die Lösung dieses Rätsels macht Sie mit zwei Strategien bekannt, die Sie bei drei Kindern anwenden können. Ob Ihre Kinder die Logik dieser Strategien akzeptieren und deshalb mit der Aufteilung des Kuchens zufrieden sind, müssen Sie jedoch selber herausfinden. Zunächst müssen wir uns klarmachen, dass sich ein Kind nur dann aus gutem Grunde beschweren kann, es habe weniger als ein Drittel des Kuchens bekommen, wenn es keine Möglichkeit hatte, entweder durch eigenes Schneiden oder durch eigenes Aussuchen sicherzustellen, dass es mindestens ein Drittel des Kuchens bekommt.

Wenn man das gleiche Rätsel für zwei Kinder – Amelie und Ben – stellt, kennen viele die Antwort. Hier besteht die Lösung darin, dass Amelie den Kuchen in zwei gleich große Stücke schneiden soll. Ben darf sich dann eins der beiden Stücke aussuchen. Amelie bekommt dann das andere Stück. Ben kann sich natürlich nicht beschweren, weil er die Chance hatte, das aus seiner Sicht größere Stück auszuwählen und damit mindestens die Hälfte des Kuchens zu bekommen. Aber auch Amelie kann sich nicht aus gutem Grund beschweren. Sie hatte die Chance, den Kuchen in genau zwei Hälften zu schneiden, sodass sie auch mindestens die Hälfte bekommt.

Soll der Kuchen unter drei Kindern, also Amelie, Ben und Clara aufgeteilt werden, dann ist die Strategie etwas komplizierter. Amelie soll den Kuchen zunächst in zwei gleich große Stücke schneiden. Ben darf sich davon ein Stück aussuchen und hat die

Aufgabe, dieses Stück weiter in drei gleich große Kuchenstücke zu schneiden. Das andere Stück verbleibt bei Amelie und wird von ihr in gleicher Weise in drei Stücke geschnitten. Schließlich darf sich Clara sowohl von den drei Stücken von Amelie als auch von Ben jeweils eins auswählen. Damit besitzt jedes Kind zwei Stücke und der Kuchen ist aufgeteilt.

Clara hat keinen Grund, sich zu beschweren, weil sie die Chance hatte, von den jeweils drei Stücken von Amelie und Ben das aus ihrer Sicht größte auszuwählen. Sie konnte also jeweils mindestens ein Drittel der jeweiligen Kuchenmenge und damit auch mindestens ein Drittel des ganzen Kuchens erhalten.

Ben durfte zunächst von den beiden Stücken das auswählen, welches er für das größere hielt. Dann hatte er die Gelegenheit, dieses Stück in drei gleich große Stücke zu schneiden. Aus Bens Sicht entspricht also jedes dieser drei Teile mindestens einem Sechstel des Kuchens. Egal, welches Stück Clara dann davon auswählt, behält Ben mindestens zwei Sechstel oder ein Drittel des Kuchens.

Schließlich hat auch Amelie keinen guten Grund, sich zu beschweren, weil sie zu Anfang den ganzen Kuchen in genau zwei und dann einen halben Kuchen in genau drei gleich große Stücke schneiden konnte. Sie hatte also die Chance, so zu schneiden, dass diese drei Stücke jeweils genau ein Sechstel des ganzen Kuchens ausmachen. Damit behält sie aus ihrer Sicht genau ein Drittel des Kuchens.

Bei diesem Verfahren können also die drei Kinder selbst dafür sorgen, dass jedes aus seiner Sicht mindestens ein Drittel des Kuchens bekommt.

Es gibt sogar noch eine weitere Lösung. Hier soll Amelie den Kuchen in drei gleich große Stücke schneiden. Wenn Ben glaubt, dass eins dieser drei Stücke größer ist als die beiden anderen, dann soll er davon so viel abschneiden und zum zweitgrößten Stück dazulegen, dass aus seiner Sicht die beiden Stücke anschließend gleich groß sind. Clara darf sich dann von den drei Kuchenstücken eins auswählen. Wählt Clara nicht das Stück, von dem Ben etwas abgeschnitten hat, muss er dieses Stück nehmen. In den beiden anderen Fällen darf Ben von den beiden übrig gebliebenen Stücken eins aussuchen. Amelie bekommt das letzte Stück.

Amelie hat keinen guten Grund, sich zu beschweren, weil das letzte Stück unverändert geblieben ist und deshalb aus ihrer Sicht ein Drittel des ganzen Kuchens ausmacht. Ben hatte die Chance, entweder das Stück Kuchen zu bekommen, von dem er etwas abgeschnitten hatte, oder das, zu dem er etwas hinzugefügt hatte. Diese Stücke waren aber aus seiner Sicht nicht nur gleich groß, sondern auch die beiden größten Stücke. Da Clara die freie Wahl zwischen den drei Stücken hatte, hat sie erst recht keinen Grund, sich zu beschweren.

Neun Stellen und das kleine Einmaleins

Es gibt kein Ergebnis im kleinen Einmaleins, bei dem vorne eine 9 steht. Das größte Ergebnis lautet 9 · 9 = 81. Deshalb muss die 9 in der Lösung ganz hinten stehen, weil sie dann nur hinten in einem Ergebnis vorkommen muss. Das ist aber nur bei 7 · 7 = 49 der Fall. Also muss die 4 vor der 9 stehen. Die Zwischenlösung ist also xxx xxx x49, wobei x für eine noch unbekannte Ziffer steht. Es gibt nur zwei Ergebnisse des kleinen Einmaleins mit der Ziffer 7, nämlich 3 · 9 = 27 und 8 · 9 = 72. Vor bzw. hinter der 7 steht in beiden Fällen eine 2. In der Lösung darf die 2 aber nur einmal auftauchen. Deshalb muss die 7 ganz vorne stehen, weil dann das Ergebnis 27 nicht benötigt wird. Damit haben wir die Zwischenlösung 72x xxx x49. Auf die 8 muss die 1 folgen. Vor der 8 kann nur die 2 stehen, weil 4 · 7 = 28 ist und die 1 und die 4 schon vergeben sind. Also steht die 8 an dritter Stelle und die 1 an vierter Stelle. Die Zwischenlösung lautet jetzt 728 1xx x49. Da die 3 im kleinen Einmaleins weder hinter der 1 noch vor der 4 steht, bleibt für sie nur die sechste Stelle. Damit ist die Zwischenlösung 728 1x3 x49. Vor die 3 passt nur die 6, weil 7 · 9 = 63 und 2 · 8 = 4 · 4 = 16, aber nicht 53 als Ergebnisse im kleinen Einmaleins vorkommen. Für die 5 bleibt demnach nur die siebte Stelle übrig. Und dort passt sie tatsächlich, weil 5 · 7 = 35 und 6 · 9 = 54 auch Ergebnisse im kleinen Einmaleins sind.

Die Lösung lautet also:

728 163 549

Weil es bei jedem dieser Schritte nur eine Möglichkeit zur Platzierung der Ziffern gab, ist diese Lösung auch die einzige.

Es ist hier nicht nur verblüffend, dass es überhaupt eine Lösung gibt, sondern auch, dass es genau eine Lösung gibt. Diese Lösung gilt nur im Dezimalsystem. Man kann aber auch die Lösungen für andere Zahlensysteme suchen, wobei dort das jeweilige kleine Einmaleins mit zunehmender Anzahl der verschiedenen Ziffern immer umfangreicher wird.

So sehen die Lösungen bis zum 11er-System aus:

3er-System: keine Lösung
4er-System: keine Lösung
5er-System: keine Lösung
6er-System: keine Lösung
7er-System: 513 426
8er-System: 5 243 617
9er-System: 54 627 138, 71 546 238 und 46 271 538
10er-System: 728 163 549
11er-System: 7 391 582 64A

In den ersten vier Zahlensystemen gibt es überhaupt keine Lösung. Und es gibt auch nur vier Zahlensysteme mit genau einer Lösung. In höheren Zahlensystemen explodiert die Anzahl der Lösungen. Im 12er-System (Duodezimalsystem) gibt es schon 11 und im 13er-System sogar 51 Lösungen. Da es im 11er-System die 11 Ziffern von 0 bis 10 gibt, steht hier der Buchstabe A für die Ziffer 10. Entsprechend werden im 16er-System (Hexadezimalsystem) die Buchstaben A bis F für die Ziffern 10 bis 15 verwendet.

Neun Stellen und doch restlos teilbar

Da die Summe der Zahlen von 1 bis 9 gleich 45 ist, hat die gesuchte neunstellige Zahl immer die Quersumme 45. Weil diese Quersumme durch 9 teilbar ist, muss wegen der entsprechenden Teilbarkeitsregel auch die Lösung durch 9 teilbar sein. Hinten könnte also jede Ziffer stehen. Abgesehen von der 0 ist eine Zahl nur dann durch 5 teilbar, wenn sie mit 5 endet. Also muss die 5 an fünfter Stelle stehen. Die Zwischenlösung lautet also xxx x5x xxx, wobei x für eine noch unbekannte Ziffer steht. Die Ziffern an der zweiten, vierten, sechsten und achten Stelle müssen gerade sein, weil die entsprechenden Zahlen durch gerade Zahlen teilbar sein müssen. Die ungeraden Ziffern müssen dann an den restlichen 5 Stellen stehen. An vierter Stelle muss die 2 oder die 6 stehen, weil bei keiner der verbleibenden Möglichkeiten

| xx1 45x xxx | xx3 45x xxx | xx7 45x xxx | xx9 45x xxx |
| xx1 85x xxx | xx3 85x xxx | xx7 85x xxx | xx9 85x xxx |

die Zahl aus den ersten vier Ziffern durch 4 teilbar ist. Weiter muss die Summe der Ziffern an der vierten, fünften und sechsten Stelle durch 3 teilbar sein, weil sonst die Zahl aus den ersten drei Ziffern und gleichzeitig die Zahl aus den ersten 6 Ziffern nicht durch 3 teilbar sein können. Wenn also an der vierten Stelle die 2 steht, muss an der sechsten Stelle die 8 stehen. Und wenn an der vierten Stelle eine 6 steht, muss an der sechsten Stelle eine 4 stehen. Es sind also nur die beiden Zwischenlösungen xxx 258 xxx (Fall 1) oder xxx 654 xxx (Fall 2) denkbar.

Schauen wir uns zunächst den Fall 1 genauer an. An achter Stelle kann nicht die 4 stehen, weil die einzigen denkbaren Möglichkeiten

xxx 258 14x	xxx 258 34x	xxx 258 74x	xxx 258 94x

nicht durch 8 teilbar sind. Es bleibt also nur x4x 258 16x und x4x 258 96x. Wie schon erwähnt, muss die Summe der ersten drei Ziffern durch 3 teilbar sein. Neben der 4 kämen für die beiden anderen Ziffern nur die 1 und die 7 in Frage. Demnach blieben nur die Lösungen 147 258 963 und 741 258 963. Allerdings ist bei beiden Zahlen die Zahl aus den ersten 7 Ziffern nicht durch 7 teilbar. Alle Möglichkeiten im Fall 1 scheiden also aus.

Es bleibt also Fall 2 übrig. An achter Stelle kann hier keine 8 stehen, weil

xxx 654 18x	xxx 654 38x	xxx 654 78x	xxx 654 98x

nicht durch 8 teilbar sind. Es geht nur x8x 654 32x und x8x 654 72x. Da außerdem die Summe der ersten drei Ziffern durch 3 teilbar sein muss, bleiben schließlich nur die folgenden 8 Möglichkeiten:

183 654 729	189 654 327	981 654 327	789 654 321
381 654 729	189 654 723	981 654 723	987 654 321

Nur bei einer dieser 8 Möglichkeiten ist die Zahl aus den ersten sieben Ziffern durch 7 teilbar. Sie ist deshalb die einzige Lösung und lautet:

381 654 729

Es ist hier nicht nur verblüffend, dass es überhaupt eine Lösung gibt, sondern auch, dass es genau eine Lösung gibt.

Diese Lösung gilt aber nur im Dezimalsystem. Gibt es in anderen Zahlensystemen entsprechende Lösungen? Lassen sich also im n-er Zahlensystem Zahlen finden, bei denen die Teilbarkeit durch die Zahlen von 1 bis n − 1 ohne Rest erfüllt ist? Im Dezimalsystem ist n gleich 10 und n − 1 dementsprechend gleich 9. In Zahlensystemen mit ungeradem n gibt es keine Lösungen. Die Summe der Zahlen von 1 bis n ist nämlich immer gleich $(n − 1) \cdot \frac{n}{2}$. Im Dezimalsystem beträgt diese Summe $9 \cdot \frac{10}{2} = 45$. Und diese Summe ist gleich der Quersumme der gesuchten Lösung. Und wie im Dezimalsystem müssen die gesuchten Lösungen in anderen Zahlensystemen auch durch n − 1 teilbar sein. Im Falle des Dezimalsystems ist das ja die 9. Diese Teilbarkeit ist aber nur erfüllt, wenn die Quersumme $(n − 1) \cdot \frac{n}{2}$ durch n − 1 teilbar ist. Dazu muss aber $\frac{n}{2}$ eine ganze Zahl und das entsprechende Zahlensystem deshalb geradzahlig sein. Für einige geradzahlige Zahlensysteme gibt es dagegen tatsächlich Lösungen:

2er-System: 1
4er-System: 123 und 321
6er-System: 14325 und 54321
8er-System: 3254167, 5234761 und 5674321
10er-System: 381654729
12er-System: keine Lösung
14er-System: 9 C3A 547 6B8 12D
16er-System: keine Lösung
18er-System: keine Lösung
20er-System: keine Lösung
22er-System: keine Lösung
24er-System: keine Lösung

Auflösung: Neun Stellen und doch restlos teilbar

Da es im 14er-System die 14 Ziffern von 0 bis 13 gibt, stehen hier die Buchstaben A bis D für die Ziffern 10 bis 13. Entsprechend werden ja im 16er-System (Hexadezimalsystem) die Buchstaben A bis F für die Ziffern 10 bis 15 verwendet.

Vermutlich gibt es in allen Zahlensystemen, bei denen n größer als 14 ist, keine Lösung mehr. Neben dem Dualsystem mit seiner einfachen Lösung sind damit das Dezimalsystem und das 14er-System wohl die einzigen Zahlensysteme mit genau einer Lösung.

Zehn Stellen und ihre Ziffern

Wenn die einzelnen Ziffern der Zahl gleichzeitig auch die Anzahl der Ziffern ausdrücken sollen, dann muss die Quersumme der gesuchten Lösung gleich 10 sein. Die erste Ziffer der Lösung muss mindestens gleich 1 sein, weil eine 0 an dieser Stelle bedeuten würde, dass die Zahl keine 0 hätte, was ein Widerspruch wäre. Die letzten 5 Ziffern können nicht alle gleich 0 sein, weil sonst die erste Ziffer, die die Anzahl der Nullen angibt, mindestens gleich 5 sein müsste. Und das würde bedeuten, dass mindestens eine der letzten 5 Ziffern eine 1 sein müsste. Das wäre ein Widerspruch. Tatsächlich müssen die letzten 5 Ziffern 4 Nullen und eine 1 sein. Schon eine 2 an der 6. Stelle würde bedeuten, dass die 5 zweimal vorkommen und außerdem die dritte Ziffer mindestens eine 1 wäre. Die Quersumme wäre dann mindestens 13, obwohl sie 10 sein muss. Eine 2 hinter der 6. Ziffer oder mehr als eine 1 unter den letzten 5 Ziffern würde zu einer noch größeren Quersumme führen. Die erste Ziffer ist also mindestens gleich 4. Da eine der letzten 5 Ziffern eine 1 ist, muss irgendeine Ziffer mindestens gleich 5 sein. Dafür kommt nur die erste Ziffer in Frage, weil sonst die Quersumme der gesuchten Zahl zu groß würde. Außerdem muss wegen der 1 unter den letzten 5 Ziffern die zweite Ziffer mindestens gleich 1 sein. Eine 1 an der zweiten Stelle ist aber nicht möglich, weil es dann im Gegensatz zur Aussage mindestens zwei Einsen gäbe. Also muss die zweite Ziffer mindestens gleich 2 sein. Eine 2 an der zweiten Stelle hat eine 1 an der dritten Stelle zur Folge. Das ist die zweite 1, die die zweite Ziffer fordert. Ist die 4. und die 5. Ziffer eine 0, dann gibt es insgesamt 6 Nullen. Die erste Ziffer ist dann eine 6, und die andere 1 kommt an die 7. Stelle. Eine Lösung lautet also:

6210001000

Das ist tatsächlich die einzige Lösung. Wäre entweder die 4. oder die 5. Ziffer eine 1, ergäbe sich 11 als Quersumme. Zwar müsste wegen der dann nur noch 5 vorhandenen Nullen die erste Ziffer von 6 auf 5 reduziert werden, aber wegen der 3 Einsen würde sich die zweite Ziffer von 2 auf 3 erhöhen. Jede weitere Erhöhung der 3., 4. oder 5. Ziffer würde zu einer noch größeren Quersumme führen.

Es ist hier nicht nur verblüffend, dass es überhaupt eine Lösung gibt, sondern auch, dass es genau eine Lösung gibt.

Wenn Sie dieses Rätsel nicht anschaulich finden, können Sie sich auch vorstellen, dass Sie 10 durchnummerierte Behälter haben, wobei im ersten Behälter so viele Kugeln sind, wie es Behälter ohne Kugeln gibt, im zweiten so viele, wie es Behälter mit einer Kugel gibt und im zehnten Behälter so viele, wie es Behälter mit 9 Kugeln gibt.

Für 10-stellige Zahlen haben wir die Lösung gefunden. Aber wie sieht es bei Zahlen mit weniger oder mehr Stellen aus? Hier sind die Lösungen für bis zu 16-stellige Zahlen:

1-stellige Zahl: keine Lösung
2-stellige Zahlen: keine Lösung
3-stellige Zahlen: keine Lösung
4-stellige Zahlen: 1210 und 2020
5-stellige Zahlen: 21200
6-stellige Zahlen: keine Lösung
7-stellige Zahlen: 3211000
8-stellige Zahlen: 42101000
9-stellige Zahlen: 521001000
10-stellige Zahlen: 6210001000

11-stellige Zahlen: 72100001000
12-stellige Zahlen: 821000001000
13-stellige Zahlen: 9210000001000
14-stellige Zahlen: A2100000001000
15-stellige Zahlen: B21000000001000
16-stellige Zahlen: C210000000001000

Die Liste zeigt mehrere erstaunliche Tatsachen. Einmal gibt es für 1-, 2-, 3- und 6-stellige Zahlen keine Lösung. Dagegen gibt es für 5-stellige Zahlen eine, für 4-stellige Zahlen sogar zwei Lösungen. Außerdem fällt ab den 7-stelligen Zahlen ein Muster auf, welches sich immer weiter fortzusetzen scheint. In der Tat gibt es ab den 7-stelligen Zahlen jeweils genau eine Lösung, die sich genau in dieses Muster einfügt. Für jede dieser Zahlen kann man auf ähnliche Weise wie im Dezimalsystem die Lösung finden und ihre Eindeutigkeit beweisen. Dabei wird der Buchstabe A für die Ziffer 10, der Buchstabe B für die Ziffer 11 usw. verwendet.

Diese Zahlen werden autobiographische oder auch selbstbeschreibende Zahlen genannt, weil sie quasi über sich selbst Auskunft geben.

Aufteilung einer Erbschaft

Vielleicht kennen Sie das Rätsel über den Araber, der seinen drei Söhnen die Hälfte, ein Drittel und ein Neuntel seiner 17 Kamele vererbt. Dieses Rätsel basiert auf denselben mathematischen Hintergründen. Schauen wir uns zunächst an, wie die Aufteilung mit Hilfe des Freundes funktioniert. Nachdem die Erben die Firma ihres Freundes zu ihrer Erbschaft hinzurechnen dürfen, stehen 42 Firmen zur Verteilung zur Verfügung. Davon bekommt das älteste Kind die Hälfte, also 21 Firmen und das zweitälteste ein Drittel oder 14 Firmen. Auf das jüngste Kind entfällt schließlich ein Siebtel der Erbschaft, und deshalb bekommt es 6 Firmen. Insgesamt erhalten die Kinder somit 41 Firmen. Die Firma des Freundes bleibt übrig und er kann sie deshalb behalten.

Das klingt zunächst nach Zauberei. Dieser Trick funktioniert allerdings nur deshalb, weil der Vater sich verrechnet und nicht sein ganzes Erbe aufgeteilt hat. Die Summe der Anteile ergibt nämlich:

$$\frac{1}{2} + \frac{1}{3} + \frac{1}{7} = \frac{21}{42} + \frac{14}{42} + \frac{6}{42} = \frac{41}{42}$$

Er hat rechnerisch also nur $\frac{41}{42}$ seiner 41 Firmen verteilt, was etwas mehr als 40 Firmen ausmacht. Damit die 3 Kinder trotzdem alle 41 Firmen unter sich aufteilen können, ohne dass sich die relativen Anteile ändern, müssen sie so tun, als ob diese 41 Firmen nur $\frac{41}{42}$ des Erbes ausmachen würden. Nach dem Dreisatz kann man dann $\frac{42}{42}$ des Erbes berechnen, von dem aber dann nur 41 Firmen verteilt zu werden brauchen:

$$\frac{41}{42} \text{ entsprechen – wie schon erwähnt – 41 Firmen.}$$

$\frac{1}{42}$ entspricht dann $\frac{41 \text{ Firmen}}{41} = 1$ Firma.

$\frac{42}{42}$ entsprechen schließlich $42 \cdot 1$ Firma = 42 Firmen.

Die Kinder müssen also von einem scheinbaren Erbe von 42 Firmen ausgehen, damit die Aufteilung ohne Probleme funktioniert. Der Freund hat diesen Zusammenhang durchschaut und kann deshalb ohne Risiko seine eigene Firma vorübergehend der Erbschaft zuschlagen.

Ein Rätsel dieser Art funktioniert also nicht nur mit der Zahl 18 wie beim Araber, sondern auch mit der Zahl 42. Und tatsächlich ist die 42 die größte Zahl, mit der solche Rätsel formuliert werden können. Um das zu beweisen und um auch die fünf anderen Aufteilungen zu finden, mit denen solche Rätsel funktionieren, muss man zunächst die Mathematik durchschauen, die hinter diesem Rätsel steckt. Die Anteile der Erbschaft sollen offensichtlich immer Stammbrüche wie $\frac{1}{2}$, $\frac{1}{3}$, $\frac{1}{4}$ usw. sein, wobei aber jedes Kind einen anderen Anteil bekommen soll. Andererseits soll sich aus den Stammbrüchen eine ganze Zahl der Dinge ergeben, die vererbt werden sollen. Schließlich soll nach dem Aufteilen genau ein Ding übrig bleiben, das ein Außenstehender ohne Risiko der zunächst nicht aufteilbaren Erbschaft hinzufügen kann. Damit ist der hinzugefügte Teil auch ein Stammbruch, dessen Nenner die gesuchte Gesamtzahl der Dinge ist. Die Firma des Freundes macht ja den Stammbruch von $\frac{1}{42}$ der Gesamtzahl von 42 Firmen aus. Und dieser Stammbruch kann höchstens so groß sein wie der Anteil eines der Kinder, weil sonst dieses Kind ja weniger als ein Ding bekäme.

Nachdem wir wissen, worauf es ankommt, können wir uns an die Überlegungen wagen. Der Anteil eines Kindes muss $\frac{1}{2}$ betragen, weil sonst die größte mögliche Summe

$$\frac{1}{3} + \frac{1}{4} + \frac{1}{5} + \frac{1}{5} = \frac{20}{60} + \frac{15}{60} + \frac{12}{60} + \frac{12}{60} = \frac{59}{60}$$

ergeben würde und somit kleiner als 1 wäre. Hierbei bezeichnen die jeweils ersten drei Stammbrüche die Anteile der Erben und der vierte Stammbruch ist der hinzugefügte Anteil einer außenstehenden Person. Der zweitgrößte Anteil eines Kindes kann nicht $\frac{1}{6}$ oder weniger betragen, weil

$$\frac{1}{2} + \frac{1}{6} + \frac{1}{7} + \frac{1}{7} = \frac{21}{42} + \frac{7}{42} + \frac{6}{42} + \frac{6}{42} = \frac{40}{42}$$

ebenfalls kleiner als 1 ist. Wenn man dann alle möglichen Fälle durchsucht, bei denen der Anteil des zweiten Kindes $\frac{1}{3}$, $\frac{1}{4}$ oder $\frac{1}{5}$ beträgt, dann findet man insgesamt 7 Aufteilungen, die alle gewünschten Eigenschaften besitzen:

$$\frac{1}{2} + \frac{1}{3} + \frac{1}{7} + \frac{1}{42} = 1$$

$$\frac{1}{2} + \frac{1}{3} + \frac{1}{8} + \frac{1}{24} = 1$$

$$\frac{1}{2} + \frac{1}{3} + \frac{1}{9} + \frac{1}{18} = 1$$

$$\frac{1}{2} + \frac{1}{3} + \frac{1}{12} + \frac{1}{12} = 1$$

$$\frac{1}{2} + \frac{1}{4} + \frac{1}{5} + \frac{1}{20} = 1$$

$$\frac{1}{2} + \frac{1}{4} + \frac{1}{6} + \frac{1}{12} = 1$$

$$\frac{1}{2} + \frac{1}{4} + \frac{1}{8} + \frac{1}{8} = 1$$

Aus dem Nenner des jeweils vierten Stammbruches erkennt man, dass Rätsel dieser Art nur mit den Zahlen 42, 24, 20, 18, 12 und 8 funktionieren. Allerdings sind die drei letzten Aufteilungen nicht so gut geeignet, weil man schnell erkennen könnte, dass für den dritten Erben $\frac{1}{4}$ übrig bleibt. Man sieht also zu schnell, dass die drei Erbanteile zusammen nicht 1 ergeben. Die vierte Aufteilung ist vielleicht etwas langweilig, weil der Anteil des dritten Erben genauso groß ist wie der Anteil, der von außen hinzugefügt werden muss. Deshalb sollte ein Rätsel dieser Art eine der drei ersten Aufteilungen verwenden. Das hier gestellte Rätsel verwendet die erste, das bekannte Rätsel über den Araber die dritte Aufteilung.

Alle Aufteilungen für einen oder zwei Erben sind leicht zu durchschauen und deshalb als Rätsel ungeeignet. Und bei vier Erben gibt es schon 52 verschiedene Möglichkeiten für die Aufteilung.

Professor Suzuki und seine drei Kinder

Wenn Sie dieses Rätsel bisher noch nicht kannten, glauben Sie vielleicht, dass es sich um einen Scherz handelt. Tatsächlich ist es aber ein ernst gemeintes Rätsel, in dem eine Information so geschickt versteckt ist, dass man sie nicht sofort erkennt. Das Alter der drei Kinder soll jeweils eine ganze Zahl sein. Wie viele Möglichkeiten gibt es nun, wenn das Produkt von drei positiven ganzen Zahlen 36 ergibt?

Am besten geht man systematisch vor, fängt mit dem Faktor 1 an und erhöht diesen dann schrittweise. Außerdem ist es nützlich, wenn man die Zahl 36 in ihre Primfaktoren zerlegt: $36 = 2 \cdot 2 \cdot 3 \cdot 3$. Die folgende Tabelle zeigt die 8 Möglichkeiten für die Faktoren und die Summe der Alter:

$1 \cdot 1 \cdot 36 = 36$ (Summe: 38)
$1 \cdot 2 \cdot 18 = 36$ (Summe: 21)
$1 \cdot 3 \cdot 12 = 36$ (Summe: 16)
$1 \cdot 4 \cdot 9 = 36$ (Summe: 14)
$1 \cdot 6 \cdot 6 = 36$ (Summe: 13)
$2 \cdot 2 \cdot 9 = 36$ (Summe: 13)
$2 \cdot 3 \cdot 6 = 36$ (Summe: 11)
$3 \cdot 3 \cdot 4 = 36$ (Summe: 10)

Professor Baba kennt natürlich die Nummer des Hauses, das er in Osaka bewohnte. Trotzdem sagt er, dass ihm die Informationen nicht reichen. Das geht nur dann, wenn es für seine ihm bekannte Hausnummer mehrere Möglichkeiten gibt. Wäre seine Hausnummer zum Beispiel 16, dann wüsste er sofort, dass Professor Suzukis Kinder 1, 3 und 12 Jahre alt wären. Weil er aber immer noch nicht das Alter der Kinder kennt, muss die Nummer seines ehemaligen Hauses 13 betragen. Nur dann gibt es nämlich zwei Möglichkeiten, und das Ergebnis ist damit noch nicht eindeutig. In der letzten Aussage steckt dann aber die entscheidende Information, dass es ein ältestes Kind gibt. Nun weiß Professor Baba, dass von den beiden Möglichkeiten die ausscheidet, bei der die Kinder 1, 6 und 6 Jahre alt sind, weil es hier zwei älteste Kinder gibt.

Die Kinder müssen also 2 Jahre, 2 Jahre und 9 Jahre alt sein.

Damit haben wir die Lösung. Aber warum wurde für dieses Rätsel die 36 benutzt? Kann man auch andere Zahlen finden, mit denen diese Art von Rätsel funktioniert? Dazu müssen wir positive ganze Zahlen finden, die sich auf mehrere Arten in 3 positive ganzzahlige Faktoren zerlegen lassen. Wenn man dann jeweils die Summe dieser Faktoren bildet, dann muss es genau eine Summe geben, die mehr als einmal vorkommt. Und nur bei einer dieser Zerlegungen, bei denen die Summen gleich sind, darf der größte Faktor größer als die beiden anderen Faktoren sein.

   Es stellt sich heraus, dass die 36 tatsächlich die kleinste Zahl mit diesen Eigenschaften ist. Die beiden nächsten Zahlen, die diese Bedingungen erfüllen, sind die 72 und die 225:

$2 \cdot 6 \cdot 6 = 72$ (Summe: 14)

$3 \cdot 3 \cdot 8 = 72$ (Summe: 14)

$1 \cdot 15 \cdot 15 = 225$ (Summe: 31)

$3 \cdot 3 \cdot 25 = 225$ (Summe: 31)

Wie bei der 36 gibt es auch hier jeweils zwei unterschiedliche Zerlegungen mit der gleichen Summe der Faktoren, wobei jeweils nur eine Zerlegung einen größten Faktor besitzt. Bemerkenswert ist, dass bei den drei Zahlen 36, 72 und 225 auch nur eine Zerlegung einen kleinsten Faktor besitzt, und dass die 36, 72 und 225 auch noch die drei kleinsten derartigen Zahlen sind. Es gibt aber noch viele weitere Zahlen, mit denen man sich Rätsel dieser Art ausdenken kann.

Der Wanderer und die Himmelsrichtungen

Zunächst ist man verblüfft, dass man überhaupt auf die im Rätsel beschriebene Weise zum Ausgangspunkt zurückgelangen kann. Eigentlich erwartet man, dass der Wanderer zum Schluss auch noch nach Westen gehen muss. Dabei übersieht man aber, dass man nur bei einer Wanderung nach Norden oder Süden immer geradeaus gehen muss. Wandert man dagegen nach Osten, muss man, außer man befindet sich am Äquator, auf einem Kreisbogen laufen. Je näher man sich an den beiden Polen befindet, desto enger wird dieser Kreisbogen. Wenn der Wanderer am Nordpol startet, kommt er in jedem Fall zum Ausgangspunkt zurück. Zunächst läuft er einen Kilometer nach Süden. Auf seinem Weg nach Osten muss er einen Kreisbogen laufen, weil eine Wanderung geradeaus immer mehr Richtung Süden führen würde. Da er auf dem Weg nach Osten immer genau einen Kilometer vom Nordpol entfernt ist, führt ihn sein abschließender Weg nach Norden schließlich genau zum Nordpol zurück. Die folgende Abbildung veranschaulicht den Wanderweg:

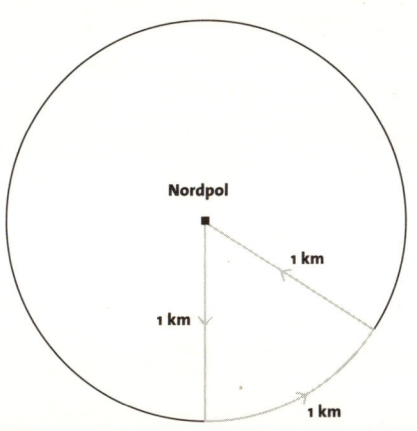

Dagegen ist der Südpol keine Lösung des Rätsels, denn der Wanderer kann vom Südpol aus nicht nach Süden gehen. Alle Wege führen hier zunächst nach Norden. Aber erstaunlicherweise gibt es in der Nähe des Südpols unendlich viele Orte, von wo der Wanderer zurück zum Ausgangspunkt gelangt. Eine Möglichkeit ist, dass er $(1+\frac{1}{2\pi})$ km ≈ 1,159 Kilometer vom Südpol entfernt startet. Nachdem er dann einen Kilometer nach Süden gelaufen ist, befindet er sich nur noch $\frac{1}{2\pi}$ km ≈ 0,159 Kilometer vom Südpol entfernt. Dies entspricht aber genau dem Radius eines Kreises mit einem Umfang von einem Kilometer. Der einen Kilometer lange Weg nach Osten führt den Wanderer deshalb auf einem entsprechenden Kreis genau einmal um den Südpol herum. Der Weg nach Norden bringt ihn dann wieder zu seinem Ausgangspunkt zurück. Es gibt natürlich unendlich viele verschiedene Orte, die diese Entfernung vom Südpol haben. Die nächste Abbildung zeigt die geschilderte Situation:

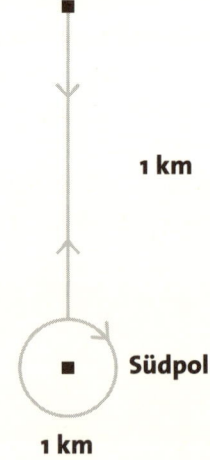

Ausgangspunkt

1 km

Südpol

1 km

Sie denken vielleicht, dass damit alle Lösungen beschrieben sind. Tatsächlich gibt es aber zu jeder dieser unendlich vielen Lösungen wiederum unendlich viele weitere Lösungen. Man kann nämlich den Wanderer auf seinem Weg nach Osten den Südpol nicht nur einmal, sondern auch mehrmals umrunden lassen. Dazu muss man nur den Radius des Kreisbogens, auf dem er läuft, entsprechend enger wählen. Wir lassen ihn also $(1+\frac{1}{4\pi})$ km $\approx 1{,}080$ km, $(1+\frac{1}{6\pi})$ km $\approx 1{,}053$ km usw. vom Südpol entfernt starten. Nachdem er einen Kilometer nach Süden gelaufen ist, befindet er sich dann nur noch $\frac{1}{4\pi}$ km, $\frac{1}{6\pi}$ km usw. vom Südpol entfernt. Sein Weg nach Osten einmal um den Südpol herum hat deshalb nur noch eine Länge von $\frac{1}{2}$ km, $\frac{1}{3}$ km usw. Der Wanderer muss also zweimal, dreimal usw. um den Südpol herum laufen, um auf einen Kilometer zu kommen, bevor ihn sein Weg nach Norden wieder zum Ausgangspunkt zurückbringt. Für die Entfernung des Ausgangspunkts vom Südpol gibt es also ebenfalls unendlich viele Möglichkeiten. Ich hoffe, Ihnen ist nicht schwindelig geworden bei dieser unerwarteten Menge an Lösungen.

Abschließend möchte ich noch erwähnen, dass die angegebenen Entfernungen zum Südpol zwar sehr genau, aber nicht exakt sind. Der Südpol ist nämlich nicht der Mittelpunkt der Kreise, auf denen der Wanderer läuft, weil die Erdoberfläche nicht eben, sondern kugelförmig gekrümmt ist. Dieser Effekt ist allerdings bei Entfernungen von ungefähr einem Kilometer sehr klein.

Ein Schnitt durch den Würfel

Beim Durchschneiden eines Würfels kann man ein gleichseitiges Dreieck, ein Quadrat oder ein regelmäßiges Sechseck erzeugen, wie die folgende Abbildung zeigt:

Würfel (Hexaeder)

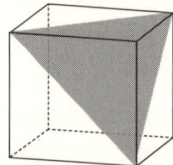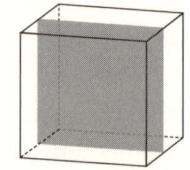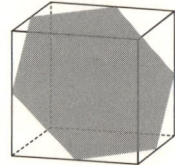

Das Dreieck ist gleichseitig und damit regelmäßig, weil alle seine Seiten Diagonalen eines Quadrates und damit gleich lang sind. Das Viereck ist offensichtlich ein Quadrat, weil es parallel zu einer quadratischen Seitenfläche ist. Beim Sechseck sind alle Seiten gleich lang, weil sie jeweils die Mittelpunkte von zwei benachbarten Kanten des Würfels verbinden. Auch die Abstände aller Ecken des Sechsecks zum Mittelpunkt des Würfels sind gleich, weil alle Ecken Kantenmitten des Würfels sind. Das Sechseck besteht also aus 6 gleichseitigen Dreiecken. Da wegen der Symmetrie des Würfels außerdem die Verbindungslinien der jeweils gegenüberliegenden Ecken des Sechsecks durch den Mittelpunkt des Würfels gehen, handelt es sich um ein ebenes regelmäßiges Sechseck.

Aber ist auch ein regelmäßiges Fünfeck, Siebeneck, Achteck usw. möglich? Um das zu beantworten, muss man sich klarmachen, dass beim Durchschneiden des Würfels mit jedem Schnitt durch eine Seitenfläche des Würfels eine Seite der Schnittfläche entsteht. Da der Würfel aber nur 6 Seitenflächen besitzt, kann beim Schnitt kein Vieleck entstehen, das mehr als 6 Seiten hat. Siebenecke, Achtecke usw. scheiden also aus. Wenn der Schnitt durch 5 Flächen des Würfels geht, ergibt sich als Schnittfläche ein Fünfeck. Dabei kann man allerdings nicht vermeiden, dass Seitenflächen des Würfels geschnitten werden, die einander gegenüberliegen. Da diese Flächen zueinander parallel sind, sind es auch die durch den Schnitt entstehenden Seiten des Fünfecks. Weil ein regelmäßiges Fünfeck keine parallelen Seiten hat, kann man kein regelmäßiges Fünfeck erzeugen.

Außer dem Würfel gibt es noch vier weitere platonische Körper, nämlich Tetraeder, Oktaeder, Dodekaeder und Ikosaeder. Auch diese Polyeder besitzen gleiche regelmäßige Vielecke als Oberfläche. Auch sie kann man so durchschneiden, dass die Schnittfläche ein regelmäßiges Vieleck bildet. Als ästhetische Zugabe zeigt die folgende Abbildung die Schnitte, die zu regelmäßigen Vielecken führen:

Tetraeder

Oktaeder

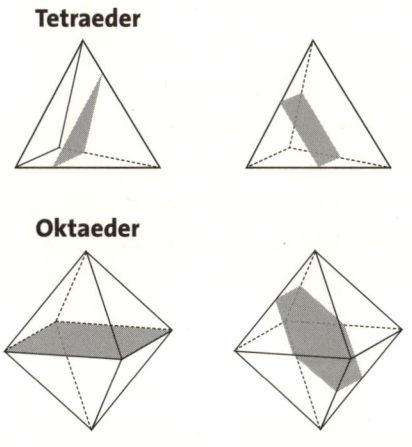

Dodekaeder

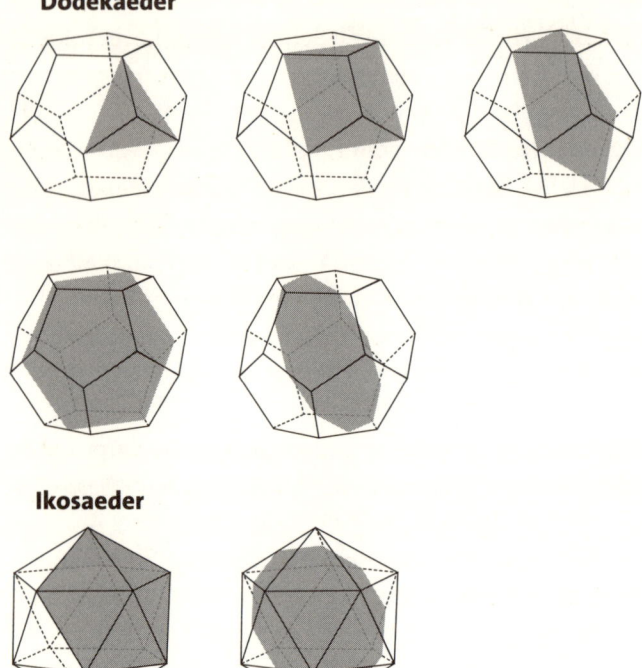

Ikosaeder

Beim Tetraeder kann man durch geeignetes Schneiden gleichseitige Dreiecke und Quadrate erzeugen. Beim Oktaeder sind Quadrate und regelmäßige Sechsecke möglich und beim Ikosaeder regelmäßige Fünfecke und Zehnecke. Beim Dodekaeder kann man sogar 5 verschiedene regelmäßige Vielecke herstellen, nämlich Dreiecke, Quadrate, Fünfecke, Sechsecke und Zehnecke.

Das Ergebnis ist 24

Dieses Rätsel ist schon ein wenig hinterhältig. Sollten Sie es nicht knacken können, dann versöhnen Sie vielleicht die folgenden Erläuterungen. Es gibt nämlich nur eine einzige Möglichkeit, mit Hilfe der 4 Grundrechenarten das Ergebnis 24 zu bekommen, und die stellt sich auch noch als trickreich heraus:

$$\frac{6}{1-\frac{3}{4}} = \frac{6}{\frac{4}{4}-\frac{3}{4}} = \frac{6}{\frac{1}{4}} = 6 \cdot 4 = 24$$

Für das halb so große Ergebnis 12 gibt es dagegen sogar 150 Möglichkeiten, und viele davon sind sehr einfach. Hier sind einige Beispiele:

$$6 + 4 + 3 - 1 = 12$$

$$(6 - 3) \cdot \frac{4}{1} = 12$$

$$(6 - 3) \cdot 4 \cdot 1 = 12$$

$$(\frac{6}{3} + 1) \cdot 4 = 12$$

$$(6 \cdot 1 - 3) \cdot 4 = 12$$

$$(\frac{6}{1} - 3) \cdot 4 = 12$$

$$(6 - 3 \cdot 1) \cdot 4 = 12$$

$$(6 - \frac{3}{1}) \cdot 4 = 12$$

$$\frac{6 \cdot 4}{3 - 1} = 12$$

$$(4 + 1 - 3) \cdot 6 = 12$$

Für die Zahlen 1, 3, 4 und 6 kann man sogar insgesamt 7680 Rechnungen mit 379 unterschiedlichen Ergebnissen formulieren. Das größte endliche Ergebnis lautet 96:

$$(1 + 3) \cdot 4 \cdot 6 = 96$$

Das kleinste Ergebnis kann man folgendermaßen erreichen:

$$1 - 3 \cdot 4 \cdot 6 = -71$$

Die Ergebnisse, die der gesuchten Zahl 24 am nächsten kommen, erhält man mit folgenden Rechnungen:

$$4 \cdot 6 - \frac{1}{3} \approx 23{,}667$$

$$4 \cdot 6 + \frac{1}{3} \approx 24{,}333$$

Vielleicht interessiert Sie auch, wie viele verschiedene Rechnungen es für n verschiedene Zahlen gibt. Diese Anzahl beträgt

$$\frac{(2n - 2)!}{(n - 1)!^2 \cdot n} \cdot n! \cdot 4^{n-1}$$

Der erste Faktor ist eine Catalan-Zahl, die gleich der Anzahl der möglichen Reihenfolgen für die Klammern ist.

Der Faktor $n! = 1 \cdot 2 \cdot 3 \cdot \ldots \cdot n$ bezeichnet die Anzahl der Möglichkeiten, die n verschiedenen Zahlen in einer unterschiedlichen Reihenfolge anzuordnen. Diese Möglichkeiten heißen Permutationen.

Und 4^{n-1} ist schließlich die Anzahl der Möglichkeiten für die Rechenoperationen. Diese Möglichkeiten nennt man Variationen mit Wiederholung.

Für $n = 4$ wie im Rätsel ist die Catalan-Zahl gleich 5, $n!$ ist gleich 24 und 4^{n-1} ist gleich 64. Mit der Anzahl der verschiedenen Zahlen steigt die Anzahl der verschiedenen Rechnungen sehr schnell an. Für 2 verschiedene Zahlen gibt es nur 8, bei 3 Zahlen schon 192, bei 4 Zahlen die erwähnten 7680, bei 5 Zahlen 430080 und bei 6 Zahlen sogar 30965760 verschiedene Rechnungen.

Auflösung: Das Ergebnis ist 24

Der Sultan und seine 6 Söhne

Dieses Rätsel ist etwas für Leser, die sich ein wenig mit einfachen algebraischen Gleichungen auskennen. Die unbekannte Anzahl der Kellergewölbe im Palast des Sultans nennen wir n. In jedem Kellergewölbe befanden sich dann auch n Schatztruhen und jede Schatztruhe enthielt dann auch n Goldmünzen. Die gesamte Anzahl der Goldmünzen war also

$$n \cdot n \cdot n = n^3$$

Da der Schatzkämmerer eine Schatztruhe mit n Goldmünzen als Belohnung bekommen sollte, betrug die Anzahl der Goldmünzen, die für die 6 Söhne insgesamt übrig blieben:

$$n^3 - n = n \cdot (n^2 - 1)$$

Auf den Ausdruck n^2-1 wenden wir die dritte binomische Formel an und ordnen die drei entstandenen Faktoren der Größe nach:

$$n \cdot (n - 1) \cdot (n + 1) = (n - 1) \cdot n \cdot (n + 1)$$

Die Anzahl ist also das Produkt der drei aufeinanderfolgenden ganzen Zahlen $n-1$, n und $n+1$. Da jede zweite Zahl durch zwei teilbar ist, muss mindestens eine der drei aufeinanderfolgenden Zahlen gerade sein. Ebenso muss sich unter ihnen eine befinden, die durch drei teilbar ist. Daraus folgt, dass das Produkt der drei Zahlen und damit die Anzahl der Goldmünzen ohne Rest durch $2 \cdot 3 = 6$ teilbar ist. Also konnte der Schatzkämmerer den restlichen Goldschatz so aufteilen, dass jeder der 6 Söhne des Sultans die gleiche Anzahl von Goldmünzen bekam. Der Schatzkämmerer konnte also sein Leben retten.

Mehrere Geburtstage am selben Tag

Waren Sie in einer Schulklasse mit etwa 30 Schülern und hatten in dieser Klasse zwei Schüler am selben Tag Geburtstag? Wenn ja, so halten Sie es vielleicht für einen großen Zufall, dass so etwas in Ihrer Klasse vorgekommen ist, denn ein normales Jahr hat immerhin 365 Tage.

Die Wahrscheinlichkeit, dass zwei bestimmte Schüler nicht am selben Tag Geburtstag haben, beträgt $\frac{364}{365}$, weil für den zweiten Schüler nur noch 364 von 365 Tagen als Geburtstag übrig bleiben. Für einen dritten Schüler stehen nur noch 363 von 365 Tagen zur Verfügung. Die Wahrscheinlichkeit, dass er an einem anderen Tag Geburtstag hat als die beiden anderen Schüler, ist also $\frac{363}{365}$. Die Wahrscheinlichkeit, dass keiner von diesen drei Schülern am selben Tag Geburtstag hat wie die beiden anderen Schüler, ist dann das Produkt dieser beiden Einzelwahrscheinlichkeiten und beträgt $\frac{364}{365} \cdot \frac{363}{365}$. Für eine beliebige Anzahl von k Schülern beträgt also die Wahrscheinlichkeit, dass alle an verschiedenen Tagen Geburtstag haben:

$$\frac{364}{365} \cdot \frac{363}{365} \cdot \frac{362}{365} \cdot \ldots \cdot \frac{365 - k + 1}{365} = \frac{n!}{(n-k)! \cdot n^k}$$

n steht für die Anzahl der Tage pro Jahr und das Ausrufezeichen hinter n spricht man «Fakultät». Es ist die Kurzschreibweise für das Produkt aller ganzen Zahlen von 1 bis n, in diesem Fall also bis 365. Wir suchen aber genau den umgekehrten Fall, dass nämlich mindestens zwei Schüler am selben Tag Geburtstag haben. Diese Wahrscheinlichkeit erhalten wir, indem wir die berechnete Wahrscheinlichkeit von 1 abziehen:

$$1 - \frac{364}{365} \cdot \frac{363}{365} \cdot \frac{362}{365} \cdot \ldots \cdot \frac{365 - k + 1}{365} = 1 - \frac{n!}{(n-k)! \cdot n^k}$$

Nun können wir die gesuchte Wahrscheinlichkeit für unterschiedliche Anzahlen von Schülern ausrechnen. Für k = 22 Schüler erhalten wir:

$$1 - \frac{364}{365} \cdot \frac{363}{365} \cdot \frac{362}{365} \cdot \ldots \cdot \frac{344}{365} \approx 47,57\,\%$$

Und bei k = 23 Schülern ist die Wahrscheinlichkeit:

$$1 - \frac{364}{365} \cdot \frac{363}{365} \cdot \frac{362}{365} \cdot \ldots \cdot \frac{343}{365} \approx 50,73\,\%.$$

Schon bei 23 Schülern liegt also die Wahrscheinlichkeit, dass mindestens zwei Schüler am selben Tag Geburtstag haben, über 50 %. Bei 30 Schülern ist sie noch deutlich größer. Wenn Sie Lust haben, können Sie das mal ausrechnen.

Diese Wahrscheinlichkeit gilt natürlich nur dann, wenn die Geburtstage der Schüler zufällig über das Jahr verteilt sind. Die Rechnung ist zwar exakt, aber wegen der vielen Faktoren umständlich. Aber es gibt eine Näherungsformel, mit der wir für die Wahrscheinlichkeit 50 % und n Tage pro Jahr direkt die Anzahl k der Schüler berechnen können. Sie lautet:

$$k = \sqrt{2 \cdot \ln(2)} \cdot \sqrt{n} \approx 1,17741 \cdot \sqrt{n}$$

Für n = 365 liefert die Näherungsformel das Ergebnis:

$$k \approx 22,49$$

Weil die Anzahl der Schüler natürlich ganzzahlig ist und die Wahrscheinlichkeit größer als 50 % sein soll, erhält man auch hier 23 Schüler als Ergebnis.

Sohn oder Tochter?

Die Wahrscheinlichkeit, dass das Ehepaar eine Tochter hat, beträgt $\frac{2}{3} \approx 66{,}7\,\%$. Dieses Ergebnis ist verblüffend und man hält es zunächst für falsch. Die meisten Menschen denken, dass die Wahrscheinlichkeit $\frac{1}{2} = 50\,\%$ ist.

Man muss sich allerdings klarmachen, dass für ein Ehepaar mit zwei Kindern die folgenden 4 Möglichkeiten gleich wahrscheinlich sind:

- ein älterer Sohn und ein jüngerer Sohn
- ein älterer Sohn und eine jüngere Tochter
- eine ältere Tochter und ein jüngerer Sohn
- eine ältere Tochter und eine jüngere Tochter

Jede dieser Möglichkeiten hat deshalb genau die Wahrscheinlichkeit $\frac{1}{4} = 25\,\%$. Der Trick besteht darin, dass sich die Frage nicht auf alle Ehepaare mit zwei Kindern bezieht, sondern nur auf die Ehepaare, die mindestens einen Sohn haben. Die vierte Möglichkeit scheidet also aus. Es geht nur um die Ehepaare, für die einer der drei anderen Fälle zutrifft. Und in zwei dieser drei Fälle, also zu etwa 66,7 %, hat das Ehepaar eine Tochter.

Sie können sich diese Lösung auch mit einer Münze veranschaulichen, wobei «Kopf» zum Beispiel für Sohn und «Zahl» für Tochter stehen soll. Sie werfen diese Münze zweimal und notieren nur dann die beiden Ergebnisse, wenn mindestens einmal «Kopf» dabei war. Das wiederholen Sie etwa 100-mal. Sie werden dann feststellen, dass Sie in etwa $\frac{2}{3}$ der Fälle auf Ihrer Liste auch eine «Zahl» geworfen haben.

Ein Seil vom Nordpol zum Südpol

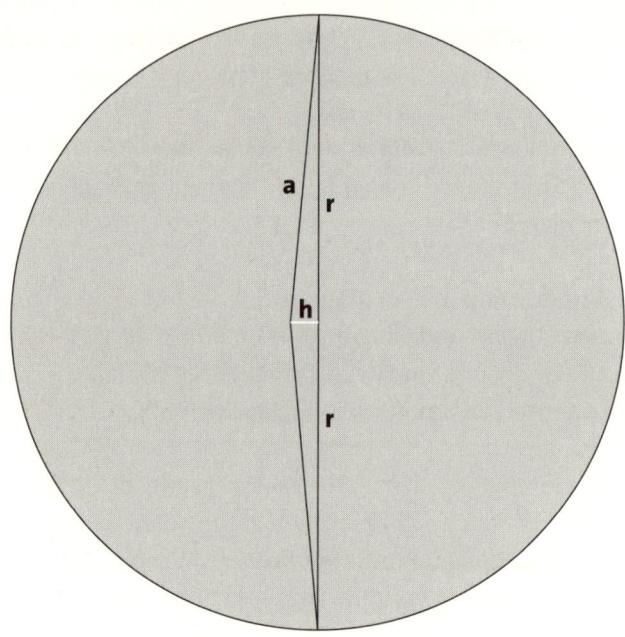

Bei diesem Mathematikrätsel handelt es sich natürlich um ein reines Gedankenexperiment. Dazu muss man sich ein hinreichend breites Loch vom Nordpol zum Südpol vorstellen, durch das man ein Seil ziehen und nach der Verlängerung um einen Meter wieder straff spannen kann, so wie es in der Abbildung zu sehen ist.

Das Seil hat zu Anfang die doppelte Länge des Erdradius. Bezeichnet man diesen Radius mit r, dann beträgt die Länge des Seils 2r. Die Länge der Strecke, um die das Seil verlängert wird, sei s und die Länge der Strecke, die man das verlängerte Seil in Richtung Äquator ziehen kann, sei h. Nach dem Satz des Pythagoras gilt die folgende Gleichung:

$$h^2 + r^2 = a^2$$

Da 2a die Länge des um s verlängerten Seils ist, gilt außerdem:

$$2a = 2r + s$$

$$a = r + \frac{s}{2}$$

Nach Einsetzen von a in die erste Gleichung ergibt sich:

$$h^2 + r^2 = (r + \frac{s}{2})^2$$

$$h^2 = (r + \frac{s}{2})^2 - r^2$$

Nach der ersten binomischen Formel erhält man durch Ausmultiplizieren:

$$h^2 = r^2 + r \cdot s + \frac{s^2}{4} - r^2 = r \cdot s + \frac{s^2}{4} = s \cdot (r + \frac{s}{4})$$

Wurzelziehen auf beiden Seiten ergibt die gesuchte positive Lösung der quadratischen Gleichung:

$$h = \sqrt{s \cdot (r + \frac{s}{4})}$$

Wir setzen r = 6 378 000 m und s = 1 m in die Formel ein und erhalten das Ergebnis:

$$h \approx 2525{,}470\,m$$

Man kann das Seil also erstaunliche 2525,470 Meter in Richtung Äquator ziehen, bis es wieder straff wird.

Wenn die Seilverlängerung s klein ist im Vergleich zum Radius r einer Kugel wie zum Beispiel der Erde, ist der Ausdruck $r + \frac{s}{4}$ in sehr guter Näherung gleich r. Deshalb kann man in so einem Fall auch die folgende einfachere Näherungsformel benutzen:

$$h = \sqrt{s \cdot r}$$

Auch hier erhält man h ≈ 2525,470 m. Die Abweichung zum exakten Ergebnis ist kleiner als 1 Millimeter.

Ein Seil um den Äquator

Die Lösung ist sehr erstaunlich. Und der Lösungsweg ist nicht so einfach. Deshalb erläutere ich zunächst die einfachere und bekanntere Variante des Rätsels:

Wie weit steht das um 1 Meter verlängerte Seil von der Erde ab, wenn man es nicht nur an einer Stelle, sondern überall gleichmäßig hochzieht?

Der Umfang U der Erde mit dem Radius r beträgt:

$$U = 2\pi \cdot r$$

Das um 1 Meter verlängerte Seil hat die Länge L:

$$L = U + 1\,m = 2\pi \cdot r + 1\,m$$

Nach dem Hochziehen bildet das Seil wieder einen Kreis. Der Radius r_s dieses Kreises ist:

$$r_s = \frac{L}{2\pi} = \frac{2\pi \cdot r + 1\,m}{2\pi} = r + \frac{1\,m}{2\pi}$$

Die Differenz der beiden Radien r_s und r ist dann der Abstand des Seils von der Erdoberfläche:

$$r_s - r = r + \frac{1\,m}{2\pi} - r = \frac{1\,m}{2\pi} \approx 15{,}9\,cm$$

Das Seil steht also verblüffende 15,9 Zentimeter von der Erdoberfläche ab. Wie die Formel zeigt, ist das Ergebnis immer dasselbe, unabhängig vom Radius und damit von der Größe der Kugel.

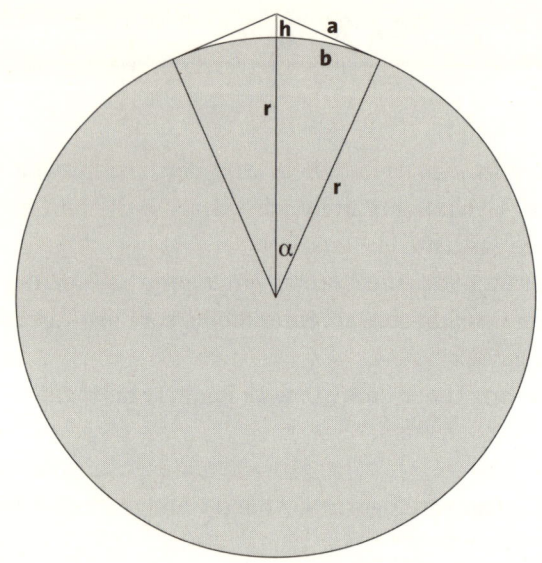

Das Ergebnis ist noch verblüffender, wenn man das Seil nur an einer Stelle hochzieht. Wie die Abbildung zeigt, ist h der Abstand der Spitze des Seils von der Erdoberfläche, r der Erdradius und a der Abstand der Spitze des Seils von dem Punkt, wo das Seil zum ersten Mal wieder die Erde berührt. Die Großkreisentfernung von diesem Punkt bis zum Fußpunkt unter der Spitze des Seils sei b und die Länge der Strecke, um die das Seil verlängert wird, sei s. Der Winkel zwischen den Verbindungen vom Erdmittelpunkt zur Spitze des Seils und vom Erdmittelpunkt zum Berührungspunkt sei α.

Es gelten die Gleichungen:

$$\tan(\alpha) = \frac{a}{r}$$

und

$$\alpha = \frac{b}{r}$$

Subtrahiert man die zweite Gleichung von der ersten, dann erhält man:

$$\tan(\alpha) - \alpha = \frac{a}{r} - \frac{b}{r} = \frac{a-b}{r}$$

$$= \frac{0,5\,\text{m}}{6\,378\,000\,\text{m}} = \frac{1}{12\,756\,000} \approx 7,839 \cdot 10^{-8}$$

Für $a - b$ muss man $\frac{s}{2} = 0,5\,\text{m}$ einsetzen, weil sich die Verlängerung des Seils gleichmäßig auf beide Hälften verteilt. Leider kann man die letzte Gleichung mit dem Winkel α nicht analytisch nach α auflösen. Den numerischen Wert für α kann man nur durch Iteration berechnen. Die einfachste Methode besteht darin, zwei Werte für α zu nehmen, für die das Ergebnis $\tan(\alpha) - \alpha$ einmal zu klein und einmal zu groß ist. Dabei werden die Winkel in Bogenmaß angegeben. Der Winkel von 360 Grad hat das Bogenmaß $2\pi \approx 6,283185$. Man kann zum Beispiel mit $\alpha = 0$ und $\alpha = 1$ beginnen. Dann bildet man das arithmetische Mittel der beiden Winkel, also $\alpha = \frac{1}{2}$, und bestimmt dafür das Ergebnis. Daraus lässt sich sofort erkennen, ob die gesuchte Lösung zwischen 0 und $\frac{1}{2}$ oder zwischen $\frac{1}{2}$ und 1 liegt. Das entsprechende Intervall wird wieder halbiert und das Verfahren fortgesetzt. Das Intervall, in dem die Lösung für α liegt, wird also mit jedem Schritt halbiert. Man hört auf, wenn man die gewünschte Genauigkeit erreicht hat. Die auf 6 signifikante Ziffern genaue Lösung lautet:

$$\alpha \approx 0,00617258 \approx 0,3536628°$$

Mit Hilfe von α lassen sich nun h und b analytisch berechnen:

$$\cos(\alpha) = \frac{r}{r+h}$$

Die gesuchte Höhe h ergibt sich nach Umformen dieser Gleichung und Einsetzen von r und α:

$$h = r \cdot \left(\frac{1}{\cos(\alpha)} - 1\right) \approx 121,505\,\text{m}$$

Außerdem gilt für die Großkreisentfernung b:

$$b = r \cdot \alpha \approx 39{,}369 \, km$$

Man kann das Seil also erstaunliche 121,505 Meter hochziehen und der Fußpunkt ist von den Punkten, an denen das Seil zum ersten Mal die Erde berührt, 39,369 Kilometer entfernt.

Wer den Aufwand scheut, sich durch Iteration der exakten Lösung zu nähern, kann auch auf andere Weise und sogar schneller zu einem sehr genauen Ergebnis kommen. Dazu muss man ausnutzen, dass sich der Tangens als Potenzreihe darstellen lässt, also als unendliche Summe, in der nur Potenzen des Winkels vorkommen. Ist α sehr viel kleiner als 1, was hier der Fall ist, sind schon die ersten beiden Summanden dieser Potenzreihe eine sehr gute Näherung:

$$\tan(\alpha) \approx \alpha + \frac{\alpha^3}{3}$$

Nach Einsetzen der Gleichung $\tan(\alpha) - \alpha = \frac{a-b}{r}$ ergibt sich:

$$\alpha^3 \approx 3 \cdot \frac{a-b}{r} = \frac{3}{2} \cdot \frac{s}{r}$$

Und für α gilt:

$$\alpha \approx \sqrt[3]{\frac{3}{2} \cdot \frac{s}{r}}$$

Ebenso gilt für kleine Werte von α:

$$\cos(\alpha) \approx 1 - \frac{\alpha^2}{2}$$

Eingesetzt in die Gleichung für h ergibt:

$$h \approx r \cdot \left(\frac{1}{1 - \frac{\alpha^2}{2}} - 1 \right)$$

Weil $\frac{1}{1-x}$ für $x \ll 1$ ungefähr gleich $1 + x$ ist, gilt:

$$h \approx r \cdot (1 + \frac{\alpha^2}{2} - 1) = \frac{r \cdot \alpha^2}{2}$$

Das Einsetzen von α ergibt dann die Näherungsformel für die Höhe:

$$h \approx \frac{r}{2} \cdot (\sqrt[3]{\frac{3}{2} \cdot \frac{s}{r}})^2 = \frac{r}{2} \cdot \sqrt[3]{\frac{9}{4} \cdot \frac{s^2}{r^2}} = \sqrt[3]{\frac{9}{32} \cdot r \cdot s^2}$$

Auch hier erhält man $h \approx 121{,}505$ m. Die Abweichung zum exakten Ergebnis ist kleiner als 1 Millimeter. Diese Näherungsformel gilt nur, wenn die Seilverlängerung s klein ist im Vergleich zum Radius r der Kugel.

Danksagung

Zuerst möchte ich mich bei Olaf Fritsche – Biologe, Wissenschaftjournalist und Autor vieler Kinder-, Sach- und Lehrbücher – bedanken. Er war es, der meine Website über die Mathematik im Alltag für den Rowohlt-Verlag entdeckt und sie daraufhin als Grundlage für ein Taschenbuch empfohlen hat.

Frank Strickstrock danke ich ganz herzlich, weil es ihm gelungen ist, mich mit netten Worten und guten Argumenten zu überreden, aus meiner Mathematik-Homepage ein Buch zu entwickeln. Außerdem möchte ich ihm sehr für seine Hilfe bei meinem Einstieg als Buchautor danken. Durch ihn habe ich außerdem einen Einblick in die Arbeitsweise eines Buchverlags bekommen und gelernt, was man beim Entstehen eines Buches alles beachten muss.

Schließlich gilt mein ganz besonderer Dank meinem Sohn Florian. Seine ständige Begeisterung für das Buch begleitete mich während des Schreibens. Sein unermüdliches Korrekturlesen förderte viele kleine Fehler zutage. Außerdem gab er mir viele wertvolle Anregungen und machte viele Änderungsvorschläge.

Quellen

Hochzusammengesetzte Zahlen, Geldstückelung und Zahlensysteme

Angeregt, über die Bedeutung der hochzusammengesetzten Zahlen im Alltag nachzudenken, wurde ich durch das Buch von

Paul Hoffmann: Der Mann, der die Zahlen liebte (Die erstaunliche Geschichte des Paul Erdös und die Suche nach der Schönheit in der Mathematik); Ullstein 1999

Das führte dann auch zu Überlegungen über die Gründe für die Zahlenwerte auf Münzen und Scheinen und über vorteilhafte Zahlensysteme für das tägliche Leben.

Tonsysteme

Zu diesem Thema findet man im Internet einen interessanten Artikel von Christian Hartfeldt mit dem Titel «Mathematik in der Welt der Töne»:

http://www.math.uni-magdeburg.de/reports/2002/musik.pdf

Platonische und archimedische Körper

Die Beschäftigung mit den platonischen und archimedischen Körpern brachte mich auf die Idee, der Frage nachzugehen, warum als Ausgangskörper für den Fußball so oft das abgestumpfte Ikosaeder verwendet wird. Das folgende Taschenbuch hat mir dabei sehr geholfen:

Tiberiu Roman: Reguläre und halbreguläre Polyeder; Deutsch Taschenbücher (Band 56); Verlag Harry Deutsch

Präsidentenwahl und Parlamentswahl

Die folgenden vier Artikel in *Spektrum der Wissenschaft* haben mich angeregt, mich mit diesen Themen zu beschäftigen:

Wer wird Präsident?; September 2002, Seite 74–79;
Wer kommt ins Parlament?; September 2002, Seite 80–84;
Verhältniswahlrecht häppchenweise; Oktober 2002, Seite 72–74;
Wahlgleichheit – Muster ohne Wert; Oktober 2002, Seite 75–76.

Lotto 6 aus 49

Sehr oft findet man Tabellen über die Häufigkeit der *gezogenen* Lottozahlen. Der Irrglaube, solche Tabellen könnten die Gewinnchancen verbessern helfen, hat mich inspiriert, ein Verfahren zu entwickeln, mit dem man die Häufigkeit und damit die Beliebtheit der *getippten* Lottozahlen in guter Näherung berechnen kann. Diese Ergebnisse führen zwar auch nicht zu höheren Gewinnchancen, aber man kann damit im Gewinnfall im Mittel überdurchschnittliche Lottoquoten erzielen.

Kniffel

Das Kniffelspiel habe ich durch meine Eltern kennengelernt. Speziell meine Mutter hat sehr gerne Kniffel gespielt, besonders mit meinen Kindern. Das hat mich auf die Idee gebracht, dieses Spiel mit stochastischen Methoden zu untersuchen. Neben der Mathematik hat mich auch die Frage interessiert, ob man mit diesen Überlegungen Strategien herausfinden kann, die beim Spielen nützlich sind. Dadurch kam ich schließlich auf die Idee für ein perfektes Kniffelprogramm, das nicht nur für jede Spielsituation die optimale Strategie berechnen kann, sondern dazu auch die zu erwartende mittlere Gesamtpunktzahl.